清末中国の技術政策思想
西洋軍事技術の受容と変遷

宝 鎖 著

臨川書店刊

まえがき

　19世紀の後半期，清国政府は西洋列強との頻繁な付き合いの中で，一部の開明的な官僚たちの努力によって徐々に西洋の先進技術に対する偏見を吹き飛ばし，失敗と試行錯誤を繰り返しながら技術輸入政策の調整を行った。

　本書では，1860年から1894年までの清国の軍事技術政策を，特に海防策（外国からの侵略に備えた沿海防衛策）を中心に技術移植政策思想の変遷を論じる。

　同時期の清国の海防戦略は，北洋中心から南北両洋の全体を含めた沿岸防衛へと変遷し，次いで再び北洋を重点的に守るものへと変化していった。これに応じて，陸海軍に期待された役割と軍事技術政策も変化した。

　本書では上述の内容を四つの章に分けて論じる。

　第1章では，1860年代初めから1870年代初めにかけての，首都防衛を念頭に置いた陸海軍の軍備の強化政策の決定と実行状況を論じる。

　1861年からは，内乱鎮圧を目的とした洋式軍事訓練が行われた。同時に，兵器の大部分を輸入に頼り，火薬や銃・砲弾，及び西洋式カノン砲や後装式施条砲に比べて生産が比較的容易であった臼砲などを，外国人技術者の下で生産して需要を賄った。この状態は1860年代半ばまで続いた。

　1866年に国内の戦闘が終わると，清国政府は，第二次アヘン戦争や反乱軍との戦いの経験をもとに，首都防衛を視野に入れた海防軍備を始めた。

　この時期には，海防部隊は洋式訓練を受けていた。また，前装式輸入銃砲と，江蘇省の軍需工場において生産された兵器を備えた陸軍のみでは不十分であることが理解された。すなわち，海軍の整備が必要であり，工場の拡充と建設が必要であることが認識された。そこで，1865年には江南製造局が建設されて兵器生産を開始し，1867年には，江南製造局と福州船政局の造船所で軍艦建造も始まった。同年，丁日昌による北・東・南三洋艦隊の計画案が政府へ提出され，上述の造船所で生産された軍艦を使った，福建省と江蘇省の南艦隊と東艦隊の両海軍艦隊が，1870年代の初め頃から組織されるようになった。しか

し，国内産の軍艦の数は少なく，北洋の艦隊の整備は遅れていた。

　当時国内で生産された 24 隻の軍艦は，排水量が小さく（2,800 トンのものが 2 隻。大半は 1,560 トン以下），船速が小さい（時速 14，15 海里（1 海里は 1,852 メートル）のものは少なく，大半が 10 海里以下）。また，備砲が少なく（殆どが 10 門以下），防御力が弱い(装甲されていない)。これらの点から見て海戦には適していなかったことが分かる。

　第 2 章では，1874 年 5 月，日本の台湾出兵を契機に行われた第一次海防討論と，その後 1880 年に至るまでの海防策の，特に技術的な側面を検討する。

　清国政府は，第 1 章で述べた通り，1870 年代には，海防に参加する陸・海軍の兵器装備が，有事の際，必要に応えうるものではないことを理解した。そこで，1874 年 11 月，沿岸地域を対象とした海防を強化するために，陸軍の組織制度の改善と洋式訓練を実施し，さらに西洋の先進兵器の輸入と国産化を行い，武器装備の改善を図ろうとした。海軍においては，軍艦の外注を行い，装甲艦の建造を目指した造船事業を継続した。

　1870 年代初め頃から，北洋の海防軍備を司っていた李鴻章は，普墺戦争と普仏戦争についての知識から，陸軍が強ければ，沿岸での防衛戦に勝ちうると考えていた。ところが，1873 年に『防海新論』（シェリハ著）を読んだ後には，同書にある南北戦争中の沿岸要衝における攻防戦の事例と，シェリハが提案した 2 つの沿岸防衛戦略に示唆を受け，陸海軍の共同作戦を計画するようになった。この新しい海防計画は，李鴻章が北洋の海防大臣に任命された 1875 年から実行されることとなる。

　陸軍の整備においては，1876 年からは，ドイツから軍事顧問を雇い，同国から輸入した銃砲を使った軍事教練を行うようになった。淮軍は 1877 年までに 4 ポンド（1 ポンド約 453.59 キログラム）の新式クルップの後装式鋼砲を 114 門購入し，ドイツに倣って 19 の砲兵営を設立した。この砲兵営は，独立して作戦任務に当たることができ，歩兵にも協力することができる新兵種となった。以後もクルップ産の大砲と欧米各国産の後装式施条銃が輸入されて使われたが，組織制度の改革は行われなかった。

　海軍では，同時期から新式艦隊の整備が重要な課題となり，甲鉄軍艦の確保

が急務となった。1876年から1877年の間に，甲鉄艦の国内生産は不可能であることが分かり，輸入政策が実行された。ところが，輸入には多様な困難が立ちはだかり，艦隊の創設は遅延した。1876年には，新しい艦隊の建設には，甲鉄艦と海上で協力して戦う船速の大きい巡洋艦が必要になったが，国内では生産できなかったために，1877年から外注の交渉が始まった。全艦の輸入は財政的に困難だったため，1879年には，李鴻章は，巡洋艦の不足分を国内産で補うこととし，衝角巡洋艦の建造を指示した。1881年から衝角巡洋艦の国内建造が開始した。

　第3章では，1875年から1894年にかけて，李鴻章の主導の下で，海防軍備が整えられた過程や，西洋の軍事技術と軍事理論関係の知識と軍事技術者が獲得された経緯を論じる。同時期には，西洋の軍事技術と軍事理論を伝える著書の翻訳と，国内外における軍事技術者の教育が実行された。この政策は，初期の基本的な軍事技術や科学知識の輸入政策としては合理的であった。

　しかし，李鴻章を含む清国政府の中枢の官僚の中には，西洋の軍事技術を導入して，先進兵器を国産化するだけでなく，技術改良を行い独自の兵器を創出するための，更なる政策に思い至った者はいなかった。西洋の銃砲より優れた兵器を製造できる技術者に特許権を与えて技術の独創性を奨励する政策は，1898年7月12日に初めて決定された。

　第4章では，1880年から1894年に至るまでの，北洋における海防体制の構築を検討する。

　この時期の直前に生じたイリの返還問題に関連して，1880年にロシアは大型甲鉄艦2隻と快速巡洋艦13隻で組織された艦隊を東シナ海に派遣し，軍事的圧力をかけた。これに抵抗するための電信と鉄道の敷設は1880年から軌道に乗り始め，北洋沿岸における軍港と要衝砲台の建設も始まり，李鴻章の陸・海軍の共同作戦による沿岸防衛戦略は本格的に実行され始めた。

　陸軍については，李鴻章は主にクルップ産の野砲と山砲，沿岸要塞砲などを輸入し，兵器の統一を図った。1885年の清仏戦争では，個別の戦闘で清国の陸軍が勝利したこともあったため，以後は，陸軍学堂が開設されただけで，組織・制度に改革が行われることはなかった。そのため，当時の西洋諸国で採用

された参謀本部のような機関は設けられず，兵站などの部門も設置されなかった。

1880年から1894年にかけて，北洋を中心に沿岸要塞砲台の建設も行われた。これらは大砲設置には適切だったが，背後からの攻撃に備えた堡塁や支援軍隊の配置が不十分であるという大きな弱点を抱えていた。

海軍については，李鴻章は衝角の付いた甲鉄艦と巡洋艦の外注を急ぎ，衝角戦法が正式に採用された。衝角戦法は，軍艦の艦首水線下に取り付けられた固定式の兵器（衝角）を用いるものであり，前方に突き出た角状の衝角を，敵艦側面に衝突させることが要点である。これにより，敵艦の機動力を失わせる，または船底を突き破って浸水させ，行動不能にする，或いは撃沈することを目的とした。1860年代から装甲艦が海戦に登場したが，艦載砲の発達はこれに追いつかず，その貫通力や命中精度は装甲を撃ち抜くのに不足であるとされた。また艦船においても蒸気推進が主流となったため，航行の自由度が高まり，衝角の実用効果が向上したと考えられた。特に，1861年のアメリカ南北戦争と，1866年のオーストリアとイタリア間で起きたリサ海戦において，衝角戦術が使われるようになって以降，英仏などの大国では，軍艦には衝角を付けるとともに，艦首方向への砲撃を行うことを念頭において艦砲を装備する方針が取られた。この種の軍艦の設計図と建造技術は1876年にフランス人ジケルによって清国へ伝わり，1881年から実際の軍艦建造に使われた。

「定遠」，「鎮遠」など1880年代にドイツで建造された主力艦は，船長をおさえ，敵艦にぶつかる際に有利な体勢をとるため，旋回半径を小さくして運動性を高めるよう設計された衝角軍艦であり，敵艦にまさる速度と機動力で高い撃突効果を得るというのが特徴であった。しかし，1890年代に入ると，この戦法が実施される機会は少なくなり，また，一旦これを実施すると，陣形が乱れ，僚艦に衝突する可能性も高くなるなどの弱点があることが認識されるようになった。日本海軍はこの戦法の弱点を認識したため採用しなかった。

1885年の清仏戦争中には，仏海軍が北上し，首都攻撃の気配を見せたため，創設中の北洋艦隊をそれに抵抗できる規模にするべく，新計画がたてられた。北洋艦隊では大規模な艦隊の侵入を阻止できないため，南北両洋の海軍が協力

して戦う運用制度の確立が必要となった。この結果，1885年以降海軍衙門が創設され，その管轄の下，1888年9月に，国産・輸入あわせて25隻の軍艦を保有し，官兵4,000余人からなる北洋艦隊が正式に組織された。しかし，1890年代の初めまでには，両洋艦隊の協力という構想は完全には実現しなかった。

　以上の通り，1860年代から90年代までにかけての清国政府における軍事官僚たちの技術に関する認識は，全般的には，西洋からの一方的な吸収にとどまる傾向があり，国内事情から，それを具体的な装備に反映させることも不十分にしか行われなかった。その結果，西洋式の兵器の国産化が大きく進むことはなかった。

　同時期，兵器生産においては，国産の後装式施条銃・砲による兵器の標準化などは実行された。標準化の必要性が理解されたのは，1874年の第一次海防討論を契機としてのことである。以後，主要部隊の兵器の統一は，国産化と輸入の両方を通して試みられ，1878年以降はその必要はさらに強く認識されるようになった。しかし，以後約20年間，主として財力と工業生産体制の問題から，標準化の具体策を打ち出すことはできなかった。結果的には，日清戦争後の1890年代末から1900年代初めになって，兵器の標準規格の決定が断行されるようになった。

目　　次

序　　論 …………………………………………………………………… 9

第1章　軍事改革と技術輸入政策（1860～1875）……………………… 21
　はじめに ………………………………………………………………… 21
　第1節　軍事改革が行われた歴史的な背景 ………………………… 21
　第2節　清国軍隊の洋式訓練 ………………………………………… 24
　　1　清国の兵力と軍制 ……………………………………………… 24
　　2　八旗，緑営の洋式訓練 ………………………………………… 26
　　　（1）八旗軍の京畿三営及び天津海防軍の洋式訓練
　　　（2）沿海各省の八旗，緑営軍の洋式訓練
　　　（3）緑営軍の兵制改革と訓練
　　3　湘・淮勇営の出現と洋式訓練 ………………………………… 30
　　　（1）湘軍
　　　（2）淮軍
　第3節　西洋の砲・艦の輸入と国産化政策の実行 ………………… 33
　　1　西洋火器の需要の増大 ………………………………………… 33
　　2　西洋人技術者の指導の下で行われた兵器と軍艦の製造 …… 36
　　　（1）兵器生産
　　　（2）炸弾三局における技術者の育成
　　　（3）兵器工場の建設方針の確立
　　　（4）国内戦争から国防への方針転換
　　　（5）清国の蒸気軍艦製造事業の開始―福州船政局の創設と造船
　　　（6）江南製造局の造船事業
　おわりに ………………………………………………………………… 51

目　次

第2章　清国の海防戦略の転換と実行（1875〜1880）……………………53
　はじめに…………………………………………………………………………53
　第1節　第一次海防討論が行われた背景……………………………………53
　第2節　第一次海防討論の主な内容…………………………………………56
　第3節　李鴻章の海防戦略構想の形成………………………………………59
　第4節　李鴻章の海防戦略の実行……………………………………………65
　　1　陸軍の建設………………………………………………………………66
　　2　海軍の建設………………………………………………………………68
　　（1）甲鉄艦輸入における障碍
　　　A　甲鉄艦に関する清国政府と李鴻章の認識の不一致
　　　B　西洋の艦船に関する情報の不足
　　　C　資金調達の困難
　　　D　難航する海軍基地の位置の問題
　　（2）甲鉄艦の国内生産の試み
　おわりに…………………………………………………………………………78

第3章　西洋軍事技術の移植政策（1875〜1894）……………………………81
　はじめに…………………………………………………………………………81
　第1節　西洋軍事技術の導入…………………………………………………81
　　1　西洋の軍事技術書の翻訳………………………………………………82
　　2　軍事技術教育……………………………………………………………93
　　（1）軍事学堂による軍事技術の教育
　　（2）欧米への軍事技術の学習を目的とした留学生の派遣
　第2節　西洋の銃砲の国内生産………………………………………………102
　　1　1869年から1890年における兵器の生産情況…………………………103
　　2　主な兵器の種類別生産情況……………………………………………105
　　（1）単発銃
　　（2）連発銃
　　（3）後装式施条砲

目　次

　　　（4）砲弾の製造
　　　（5）火薬
　　第3節　兵器の標準化の問題 …………………………………………… *113*
　　お わ り に ……………………………………………………………… *120*

第4章　北洋海防体制の構築（1880～1894）…………………………… *121*
　　は じ め に ……………………………………………………………… *121*
　　第1節　1880年段階での清国の外交・軍事における課題 …………… *121*
　　第2節　李鴻章の防衛戦略の展開 ……………………………………… *122*
　　　1　電信線の敷設……………………………………………………… *123*
　　　2　鉄道の建設………………………………………………………… *125*
　　第3節　陸・海軍の建設 ………………………………………………… *127*
　　　1　兵器の改善を主とした陸軍の建設……………………………… *128*
　　　2　海軍建設の本格的開始…………………………………………… *130*
　　　（1）軍艦購入
　　　（2）衝角戦法の採用
　　　（3）全国海軍を管轄する中央機関―海軍衙門の設立
　　第4節　北洋における要塞砲台の建設 ………………………………… *141*
　　第5節　1880年から1894年にかけての日本の軍備 …………………… *147*
　　お わ り に ……………………………………………………………… *150*

結　　　論 …………………………………………………………………… *153*
注 ……………………………………………………………………………… *157*
参 考 文 献 …………………………………………………………………… *174*
謝　　　辞 …………………………………………………………………… *185*
索　　　引 …………………………………………………………………… *187*

序　　論

1　本書で扱う課題と新視点：

　本書では，1860年から1894年までの清国における軍事技術政策を検討し，この期間内に行われた海防[1]策の策定・実施を中心に清国の軍事技術政策の変容について論ずる。

　本書の対象を明らかにするために，以下では，検討する時期の清国の対外政策や軍事技術政策の概略を瞥見する。

　清国政府は1850年代後半に内憂外患が重なった事態に対応し，政権を維持するために列強の力を借りて内乱の鎮定を行うとともに，首都の安全に関わる北洋を中心に陸軍を主力とした海防軍備も始めた。

　1860年代の初めに西洋の兵器の威力を実感した清国政府[2]は国内反乱の鎮定を優先し，主に西洋の火器を輸入して使用した。この際，西洋人技術者の指導の下で，新式兵器を国内で生産して使う試みを始めただけでなく，西洋の軍人を雇い政府軍に洋式訓練[3]を行うとともに，正規軍の編制の改革も行うことによって政府軍の戦闘力の向上を図り，1860年代の半ば頃までに，国内の安定をほぼ取り戻した。

　国内の安定を取り戻しつつあった清国政府は，1860年代の半ば頃から全国の海防を視野に入れた海防軍備を行い始めた。この時期から清国政府は陸・海軍が使う西洋の兵器装備の生産と使用に関する技術を初めとした海防における軍事工学（Military engineering）などの軍事技術を導入するようになった。1870年代の半ば頃再び海上からの軍事的脅威に晒された清国は，陸・海軍の共同防衛を実現する基本的な海防軍事戦略を決定した。これ以降1890年代の初め頃までに，この海防における基本戦略の下で，清国の陸・海軍の整備は推し進められた。

　しかしながら，清国政府が国内安定と国家安全を守るために採用した軍事技

序　　論

術政策は，国際情勢の変化によって，清国の軍事技術政策に沿った軍備の強化にはつながらなかった。本書では，この原因を中国および日本の史料を用いて明らかにしていきたい。

2　参考資料

本書で利用した基本史料を紹介する。

1) 清末の軍事技術関連の資料として参考した主なものは『江南製造局訳書彙刻』（甲編・乙編・丙編，全439冊）である。これは1870年代の初めから1890年代の初めまでの間に，西洋からの宣教師と清末中国人学者が共訳し，江南製造局で刊行したものであり，西洋の軍事技術・航海術・科学・文化など各分野に及ぶ書物である。これらの資料のなかの『防海新論』(*A Treatise on Coast Defence*)，『輪船布陣』(*Fleet Maneuvering*)，『攻守砲法』(*Fortification of Mouth of the Scheldt*)，『砲准心法』(*Calculation of the Trajectory of Projectiles*)，『行軍鉄路工程』(*Military Railways*) などの100種類以上を閲覧した上で，主要なものについては本書の第2章，第3章で議論した。

2) 清国の王西清・盧梯青共編『西学大成』（上海酔六堂書坊，1895年），12編を参照し，特にそのなかの『海戦指要』，『爆薬記要』，『火器略説』などの内容を考察した。

3) 『籌辨夷務始末』（全冊，260巻，その中道光朝80巻は文慶ら編，1856年，咸豊朝80巻は賈禎ら編，1867年，同治朝の100巻は宝鋆ら編，1880年）。清国の官僚が編集したものである。道光・咸豊・同治の三朝の対外関係に関する上諭・上奏・覚書などの檔案文書が収録されている。道光朝の80巻は，1836年のアヘン禁止から1849年までの時期を対象とし，2,700余の項目を収録する。咸豊朝の80巻は，1850年から1861年までの時期を対象にして，収録された檔案の項目は3,000件にも及ぶ。同治朝の100巻は，1861年から1874年までの時期を対象とし，3,600件の檔案史料を収録する。『籌辨夷務始末』は清末の外交関係研究には欠かせない一次資料である。

4) 王彦威纂・王亮編『清季外交史料』,（全5冊，1987年）。この史料には光緒・宣統朝の外交に関する勅語，上奏などの檔案史料が収録されている。これも清末の外交を理解するのに欠かせない一次資料である。

5) 中国史学会編『中国近代史料叢刊・洋務運動』(1961年)（本書では略して『洋務運動』と書く）。これは，19世紀60年代から90年代までの中国の各分野の歴史資料を全面的に収録した資料集である。この史料集は全8冊，320万字余で，四編で構成されている。総合編には，咸豊朝10年12月から光緒19年までの上諭および曽国藩（ソウコクハン，1811〜1872）・李鴻章（リコウショウ，1823〜1901）・張之洞（1837〜1909）ら19人の洋務関連の手紙などが収められている。育才編には，上諭及び北京同文館・京外同文西学館・児童留学・試験などに関する史料が収録されている。海防海軍編と練兵編には海軍の軍艦購入と洋式軍事訓練に関する史料が収録されている。製造編には主に上諭及び江南製造局・金陵機器局・天津機器局など14の兵器工場の創設と発展に関する史料が収録されている。馬尾船政局・輪船招商局・鉄道篇及び電報篇には，交通運輸に関する史料が収録されている。鉱物篇には，雲南・台湾・鄂東・皖南・吉林・山東・貴州・漢冶萍・漠河及びそのほかの各地の銅・煤・金などに関する資料が収められている。紡績製造篇には，全国各主要地区の紡績・鋳鏡・マッチ製造・タバコ・酒・紙の工場に関する史料が収録されている。伝記篇には洋務運動に参加した重要な人物王韜・盛宣懷・徐潤・翁同龢・薛福成らの行状・日記・雑記などが収録されている。『史料叢刊・洋務』は，19世紀後半の中国の各分野の歴史を研究し，史実を再現する場合に欠くことのできない基本史料であるため，国内外の学者に広く利用されている。

6) 孫毓棠編『中国近代工業史資料』（全2冊，1962年）。1840年から1895年までの清国政府および官僚たちが経営した軍事工場と工業資源の開発などに関する基本資料を収録したものであるために，この時期の工業史・経済史・技術史などの研究には有用な資料集である。

7) 李鴻章は1862年から1901年までの40年間，清国の官僚界で活躍し，

序　論

　　国家の各重大な戦略の制定や実行に係わった人物である。当時の李鴻章の活動を全面的に記録して残した一次資料は，李の軍事戦略とその実現の詳細を再現するには欠かせない。李鴻章は生涯大量の奏稿と公私を含めた手紙などを残しており，その内容は清国の政治・経済・軍事・外交・文化・教育など各分野に関わる。李鴻章関係の史料としては，20世紀の初め頃刊行された呉汝綸の『李文忠公全書』(165巻) から 2007年に顧廷龍・戴逸らが編集した『李鴻章全集』(39巻) が出版されるまでに多種多様の李鴻章関係の資料集が世に出されている。全体的に見れば，それぞれに新しい史料が大量に収録されていて，研究者の様々な角度からの歴史研究に便宜をはかったといえる。本書で利用した『李鴻章全集』(崔卓力編，12冊　時代文芸出版社，1998年) は，李鴻章の清国の軍事と外交に係わった史料を中心に収録したものである。

8)　張俠ほか編『清末海軍史料』(1982年)。この資料集は19世紀後半から20世紀の初期までの清国の海軍関係の上諭・上奏文などの一次資料を幅広く収録したものである。そのため，この時期の清国の海軍や海防軍備の歴史を描くためには欠かせない重要な史料である。

3　先行研究

　本書のように1860年から1894年までの期間における，清国における西洋の軍事技術の導入政策の変容を課題とした先行研究は，管見の限りまだ少ない。

　1860年から1890年にかけての30年間を「洋務運動」期として，19世紀の末から中国人歴史家たちは研究を重ねてきた。1980年代までに様々な視点からの研究成果が上がっていた。しかし，1980年代に入って中国の近代化の初段階として政治・経済・軍事・文化などの視点からの研究が盛んになった後，次第にこの時期の工業化に議論の焦点が集まるようになった。軍事工業の創設と運営はこの時期の主な工業活動であったため，これに関する研究も近年増えてきた。しかしこの時期の軍事技術についての研究は決して多いとはいえない。以下では，本書の執筆に当たって参考した軍事工業史・軍事技術史・軍事思想関係・国際関係・軍事技術訳書に関する研究と本書との関係について述べる。

まず，清末の軍事工業史関係の研究について論ずる。

軍事工業史について書かれた著作として挙げられるのは，主に三つある。

第一に，王爾敏が1963年に著した『清季兵工業的興起』(中央研究院近代史研究所専刊) がある。同書は，主に清朝末期の近代軍事工場の建設から兵器の生産供給の情況を概観したものであり，具体的には，清国各地に建設された主な兵器工場に関する一次漢文史料を集めた工業史である。この著作は一次文献を数多く利用していたため，筆者がこの時期の軍事工業の歴史を理解するのに役立っただけでなく，工業史・技術史に関する史料収集について多くの情報とてがかりを与えてくれた。

第二には『中国近代兵器工業—清末至民国的兵器工業』(国防工業出版社，1998年) がある。同書は，主に1860年代から1949年までの中国の兵器工場の歴史を概観したものである。同書の前半には19世紀後半の清国の主な軍事工場と兵器の生産情況を記述している。また近代兵器工場や軍事技術および軍事に係わった人物に関する一次史料を収録しているため，非常に有用であった。

特に三番目に挙げられるのが，トーマス・ケネディー (Thomas L. Kennedy) が1978年に著した *Li Hung-chang and the Kiangnan Arsenal, 1860-1895.* (日本語訳のタイトルは『江南製造局：李鴻章と中国近代軍事工業の近代化 (1860〜1895)』，) である。この著作は，1860年から1895年にかけての時期に李鴻章の管轄や影響下にあった清国の江南製造局・金陵機器局・天津機器局など三つの主な兵器工場の資金運用と銃砲などの兵器や軍艦の生産供給情況を各時代に分けてそれぞれ総括的に論述していた。この著作はこの時期の清国の主な軍事工場の生産情況を把握するのに参考にした。本書ではケネディーの著作とほぼ同じ時期の清国の軍事技術を扱ったが，主に1866年に清国の海防建設が重視されて以降の李鴻章の海防軍事戦略の変遷に焦点を当て，西洋からの武器装備の輸入と西洋の用兵術を含めた兵学知識全般の導入による軍事技術の内容の変化を捉えることを主な課題として論述した。その際，ケネディーの見解の幾つかの修正を試みた。

ケネディーの著作は，対象とする時期，課題が本書のものと似通っているため，本書の中でその内容を詳細に検討し，ここでは本書との違いを総括的に述

序　　論

べることとする。

　その一．ケネディーの著作では1861年の初め，曽国藩と総理衙門の恭親王奕訢らは，西洋に依存しないで国内で西洋式の新式兵器と軍艦を製造する強兵政策を取るように提言したと見ている。これに対して，本書では当時の曽国藩と恭親王奕訢らは，西洋の軍事技術を取り入れる面で一致して積極的であって，彼らの勧めで清国政府は西洋からの軍事技術の援助を受けて，将来的に兵器独立を孕んだ技術輸入政策を採用したことを論じた。

　その二．ケネディーの著作では，1875から1885年の10年間，清国政府は，江南製造局だけでなく他の主要軍事工場で南北洋大臣に対する優位を固めることに努めた。その第一の方法として，1878年に，全国で使用される軍需品の標準化を図ろうとしたという。そして清国政府のこの計画は，李鴻章らの支持を十分に得ず，兵器の標準化は実現しなかったと見ている。

　これに対して本書では，1878年に清国政府が兵器の標準化の議論を起こしたのは，清国政府の兵器統一の重要性に関する認識の発展による現象であると主張すると同時に，清国の購入を主とした兵器の統一はすでに1875年から李鴻章らによって推し進められた過程を論述した。

　次に，清末の軍事技術史関係の研究と本書との関係を紹介しよう。

　軍事技術史についてまず挙げられるのが，『中国科学技術史』「軍事技術巻」（廬嘉錫総編，王兆春著，科学出版社，1998年）である。

　同書は，古代から近代までの中国の軍事技術の歴史を扱ったものである。このうち，第10章と第11章は本書で扱った19世紀の60年代から90年代までの時期を対象としている。第10章の「後装銃砲段階の軍事技術」では第二次アヘン戦争（1856～1860）後に清国各地で建設された兵器工場，主に安慶内軍械所・江南製造局・天新機器局・金陵機器局・漢陽銃砲廠・福州船政局などの創設や生産情況を概観している。第11章の「火器時代の軍事変革」では，1894年～1895年を境として1860年代の初めから1911年に清国が滅亡するまでの期間を二段階に分け，清国陸軍の軍制と兵器装備の変革，及び近代海軍の創設を紹介している。また陸海軍の組織や訓練方法の変化や軍事教育及び軍事技術

書籍の翻訳についても概観している。ただし，兵器生産に関する叙述の重点は，1880年以降に置かれ，軍事訓練に関する内容は，主に1895年以降に重点が置かれている。1860年代と70年代の洋式軍事訓練や近代兵器の技術輸入や生産供給については，概略的に言及される程度である。

記述の配分がこのようになったのは，同書の第10章と第11章が，清国陸海軍の銃砲が後装銃砲に切り換えられ始めた時代の軍事技術を記述することを目的としていたからである。同書は筆者が19世紀後半から20世紀の初め頃までの間の清国の軍事技術上の成果を把握する上で役だった。更に本書では，『中国科学技術史』が詳しく取り上げなかった，1860年代から1880年代にかけての，清国軍隊の洋式軍事訓練や近代兵器の生産や使用状況に関しても議論した。

三番目に紹介したいのが清末軍事思想関係の研究である。

軍事思想については最新の研究成果として施渡橋が2003年1月に著した『晩清軍事変革研究』（軍事科学出版社）を挙げることができる。

同書は，1840年の第一次アヘン戦争から1911年までの時期を清国の末期として扱い，この70年の間に清国の軍事の近代化に関わった林則徐・曾国藩・左宗棠・李鴻章・袁世凱らの人物を中心に，彼らの軍事の西洋化のための努力とその実績を概観している。この点で，この時期の清国の軍事に係わった人物たちが成し遂げた軍事関係の業績を理解するのに役立った。ところが，この著書では，李鴻章の軍事政策に関する記述において，李が1870年に北洋の海防軍備を引き受けた時から1880年までの間に陸軍に依存する陸を中心とした海防軍備を行い，1880年から1894年にかけては，海軍に依存する海を中心とした海防軍備を行ったとしている。そして，この時期の李の海防思想が変化したために，1880年からようやく本格的な創設が始まった北洋艦隊は，日清戦争において，日本の連合艦隊に負けたとしている[4]。同書では，1874年から1875年の第一次海防討論（1874年末から1875年半ば）の際に李鴻章が提示した海防軍備における陸・海軍の共同防衛政策について適切な解釈がされていないように見える。また，1875年以降，李鴻章が清国の海防を強化するために立てた軍事戦略と行った軍備の関わりは十分に議論されておらず，特に1875年から

序　論

1880年までの間に行われた海軍の建設における努力と成果は適当に評価されていないように思われる。本書では上記の点について別個の見解を提示した。

　同書のほか，海軍史関係の著書として，姜鳴が著した『龍旗飄揚的艦隊―中国近代海軍興衰史』（三聯書店，2002年）と王家倹が2008年12月に著した『李鴻章与北洋艦隊』「近代中国創建海軍的失敗与教訓」（三聯書店）も重要である。前者は1860年代から1911年にかけての清国の海軍の変化を総括的に議論した著書である。後者は，19世紀半ばから90年代までの清国の伝統的な水師が西洋式の海軍に変貌する過程を論じ，その失敗と教訓を検討した。これらの著書は北洋艦隊の歴史だけでなく，清朝後期の海軍の歴史の全体を理解するのに役立った。ただし，これらの著書は1875年から1879年までの間の北洋艦隊の装甲艦の購入における困難や国産化の努力について言及しておらず，1879年以降，北洋艦隊において輸入と国産化によって衝角軍艦が採用されるようになった経緯も議論されていない。さらに，1890年代の初め頃から，世界の海戦術の変革の中で，軍艦の技術的性能の向上と戦術の改善を積極的に行わなかったことが原因で，完成したばかりの北洋艦隊が，物理的にも，戦術的にも時代遅れとなったことについては言及されていない。
　これ以外にも清朝末期の軍事関係の研究論文と著書は数多くある。それらについては，本書の各章のなかで引用する際，そのつど解説して利用個所を明示することとする。

　四番目に紹介したいのが本研究に係わる西洋の軍事技術訳書に関する研究である。
　1870年から1890年の前半期にかけて翻訳された西洋の軍事技術，理論及び制度に関する書籍についての研究を総括的に見れば，1980年代以前は主に各訳書のタイトルを著書のなかに収録し，一部の訳書の内容を概略的に紹介するのみであった。それはこの時期の兵学訳書の研究にとっては，文献情報を数多く提供し，後の研究者たちに便宜をはかった点で有益であった。しかし，同時期には，兵学書の内容については専門的な研究は行なわれなかった。

序　　論

　具体的に挙げれば，楊超・張豈之の『論十九世紀六十年代到九十年代的西学』(『新建設』，1962年)とA. A. ベネットの *John Fryer, the Iintroduction of Western Science and Technology into Nineteenth-century China*（ハーバード大学出版，1967年）がそれのような研究である。

　1870年から90年代にかけての兵学訳書を様々な視点から研究するようになったのは1980年代以降のことである。例えば，これらの訳書をその訳者の翻訳活動の一部として検討したり，また一部の翻訳機関が刊行した訳書を集めて総合目録を作ったりして，それらの訳書の史料的および実用的価値を評価していた。この中では，閻俊侠著『晩清兵学訳著在中国的伝播：(1860～1895)』(2007年)は，ジョン・フライヤー（John fryer, 1839～1928, 中国名は傅蘭雅），カール・トラウゴット・クレイヤー（ドイツ生まれのアメリカ人，Carl Traugott Kreyer, 1839～1914, 中国名は金楷理），アメリカ人宣教師のダニエル・ジェローム・マッゴウァン（Daniel Jerome Magowan, 1814～1893, 中国名は瑪高温），ジョン・エレン（Young John Allen, 1836～1907, 中国名は林楽知），李風苞（リホウホウ，1834～1887），舒高第（シュコウテイ，1844～1919）らの訳書を分類し，原著の出版年月が分かるものについて，その原書名と訳本の書名を表にまとめている。さらに，文献学の視点から，『普仏戦紀』，『列国陸軍考』などを翻訳した訳者とその協力者たちの略歴，翻訳活動及び各訳書の内容の概略と各版本を取り上げ，目録書などに収録された情況からその本の史料としての価値を紹介している。また1870年から1910年の間に江南製造局と天津機器局などの翻訳機関が訳した297種の兵学書を軍制・装備・管理教育・土木工事・兵站・訓練・進軍作戦・海防・地理・戦略戦術・戦史・その他などの12種類に分けて，各書のタイトルを並べるとともに，一部の本の内容の概略と史料的な価値を紹介している。

　こうした研究は，1870年から1910年の間に清国が世界の先進国からどういった軍事関連の知識を取り入れていたかを理解する一助になる仕事であると評価できる。

　施渡橋が雑誌の『軍事歴史』(1996年3期)において発表した論文，「西方兵書の翻訳紹介と晩清の軍事近代化」は，1860年から1911年にかけて清国が翻訳した西洋の兵学書を，日清戦争を境に前期と後期に分けて紹介している。前

序　　論

期に翻訳された兵学書は，「製器」，「訓練，海防」，「自然科学」の三種類に分けられている。製造に関する 20 種，訓練と海防に関する 32 種，自然科学に関する 8 種類の全部で 60 種の訳書を検討し，各書の具体的内容に触れてはいないものの，全体として，以下の四つの特徴を指摘している。

　第一に，「製器」と「訓練」に関する書籍に収められた具体的問題では実用性が強調されている。第二に，洋務派が外国における海軍の建設と戦術・訓練，及び海岸防衛の建設情況を理解し，自国において海軍と海防の建設を行う際に役立った。第三に，軍事制度と戦略，戦術に関する訳書は，中国の近代軍事思想とその実践における変革を推進した。第四に，製造のために取り入れた自然科学の著作は自然科学が中国で発展することに影響し，伝統文化の構造的変化につながった。

　これ以外にも，文化交流史・軍事史・翻訳史・人物史研究・目録学論著などに兵学訳書が紹介されている。このように 1980 年代以降，兵学訳書に関する研究は盛んになっていたが，総括的に見て，これらの兵学訳書に関する研究はまだ初期の段階にある。特に技術史の視点からの研究はほとんど行われていない。

　上述した以外にも，本研究と関わりのある先行研究といえば，鉄道と電信に関する研究である。19 世紀の初め頃から西洋で発明され，利用されるようになった鉄道と電信などの交通と通信手段に関連する新技術は，1860 年代から清国が滅亡するまでの半世紀に渡る期間に，清国へ伝わり，軍事と経済及び政治を中心に多方面において影響を及ぼした。これに関する研究も 1980 年代以降増える傾向にある。これらの研究では，鉄道・電信が清国へ伝わった理由は経済と軍事利用を中心に議論されてきた。これらの研究から，李鴻章も清国政府も，最初は鉄道・電信技術の導入に反対だったが，次第にその導入に傾き，経済と軍事に利用するようになったことが解る。例えば『李鴻章与中国鉄路：中国近代鉄路建設事業的艱難起歩』（朱従兵著，2006 年）と『中国近代郵電史』（郵電史編集室編著，1984 年）がそう指摘している。ただし，清国政府と李鴻章が，西洋諸国がこれを利用して軍事的な勝利を獲得していることに気付き，鉄道・電信技術の役割に関する認識が深まったこと，また，これらの新技術の導入は，具体的な軍事技術戦略の一部に定められて初めて実行が可能となったこ

とを明示した研究はないようである。

　本書では，これらの技術の導入は，1870年代の初め頃に形成された李鴻章の海防軍事戦略に組み込まれ，軍事技術の移植政策の一要素になって後，西洋列強からの軍事的な圧迫が感じられる度に実現への圧力が高まったと理解しており，この点を明らかにしようと試みている。

4　本書の構成と概要

　1860年代から1890年代にかけて清国政府が採用した軍事技術政策を，各時期に採られた兵器装備の改善政策を基に分ければ以下のとおりである。

　各時期における清国の兵器装備の改善政策：

　第一期，1860年-1866年の間は，輸入兵器を主とし，国内産のもので補足する時期であった。

　第二期，1866年-1875年の間は，主に国内産の兵器装備を使い陸海軍を整備した時期である。

　第三期，1875年-1894年の間は，主に輸入した兵器装備で軍隊を整備した時期である。

　本書は四つの章から構成されている。この中で，第1章に第一期と第二期を論じ，第2，第3，第4章で第三期を論じた。

　第1章では，1860年代の初めから1870年代の初めにかけての清国政府の動向を論じ，特に，国内反乱を鎮圧すると同時に，主に首都防衛を念頭に置いて，軍備の西洋化をはかった海防政策の実行を対象とした。即ち，清国政府が西洋の軍事技術を導入した初期の情況を検討した。

1) 清国政府が当時清国にいた列強の軍隊に軍人の派遣を依頼し，清国の陸軍軍隊が洋式の銃砲の使い方や作戦方法を伝授されたことを論じた。この際，清国が採用した洋式軍事訓練と軍制改革の初期の情況を検討した。
2) 清国政府が，当時清国にいた列強の軍隊から兵器技術者を雇い，洋式銃砲の製造技術を伝授させたことを論じる。この際，清国の軍事工場と軍事技術者の育成政策が実行された初期の情況について検討した。
3) 清国政府は当時の国内や国際情勢に鑑みて，蒸気船が商業や軍備に必要

序　　論

であることを十分に認識し，当時清国にいた外国人技術者を招き，造船を指導させたことを論じた。この際，清国の造船事業の軍事上の意義を検討した。

　第2章では，第一次海防討論が行われた背景とその際の海防討論で議論された軍備強化における主な内容を紹介した。また，この時の海防討論において，李鴻章が提案した陸海軍共同防衛を実現する沿岸防衛戦略の内容と性格を検討すると同時に，1875年から1880年にかけてこの海防戦略が実施された初期の状況を紹介した。

1）　1875年の後半に清国の最初の新式海軍艦隊の規模と艦隊構成が決められた後，1876年から1885年にかけて，段階を追って規模と構成を変化させながら，次第に形を整えていった過程を論じた。

2）　甲鉄艦[5]購入政策がさまざまな障碍にぶつかり，実行が難航したことを論じた。その際，甲鉄艦の必要数と種類および性能などに関する政策実行者と政府間の認識の不一致などの四つの原因を取り上げた。

3）　甲鉄艦の国内生産で輸入の不足を補う政策の実行情況を論じた。この際，江南製造局の甲鉄艦造船事業の停滞の原因を分析した。

　第3章では，1875年から1894年にかけての，国内生産によって軍隊の兵器を最新鋭の銃砲に統一する政策の実行情況とその成果を概観した。また，西洋の軍事技術書の訳書と国内外における軍事技術者の教育について取り上げた。この際，1875年から1879年までの時期を艦隊の建設の準備段階とした。1880年から1888年までの時期を甲鉄軍艦の外注によって艦隊が完成される時期とした。1888年から1894年までの時期を陸海軍共同作戦体制の失敗した時期とした。この各段階に導入された西洋の軍事制度や技術関連の書物の内容を分析すると同時に，軍事教育と兵器の国内生産の成果について検討した。

　第4章では，1880年から1894年にかけて，北洋を中心に行われた海防軍備が達成した成果を概観した。この際，北洋艦隊の規模と必要とされた軍艦の種類の変化と海戦術の導入について論じた。また，北洋に限って，陸・海軍の共同防衛が実施される上で欠かせない戦術的条件を検討した。

　以上，本書の各章の内容と結論の概略である。

第1章　軍事改革と技術輸入政策（1860～1875）

はじめに

　1840年の第一次アヘン戦争の後，清国政府の地方の統治能力は急激に衰退していった。50年代に入ると全国各地で太平天国などによる反政府農民反乱が相次いで起こり，満州人の統治も存亡の危機に直面していた。こうした内乱に乗じて，イギリスをはじめとする欧米諸列強が清国での利益拡大を目指して軍事行動を起こし，強い軍事力をもって，清国政府に対し，「南京条約」の修正を目的とした交渉を迫った。いわゆる第二次アヘン戦争である。戦争と対話を交えた交渉が断続的に行われたが，最終的には清朝の軍事的な完敗によって，首都に列強の公使を駐在させるなど，清国政府にとって苛酷な要求をすべて呑むという形で，1858年に「天津条約」，1860年10月に「北京条約」などが締結された。清国政府は，北京や天津などに駐在しているイギリスやフランスなどの軍隊の圧力の下で，諸外国に対して，「条約のすべての内容を受け入れ長く実行し，これから互いに信頼し合い永遠に戦争を起こさない」[6]という約束を全国に布告し，列強との平和関係は取り戻された。

　本章では，清国政府が比較的平和国際環境の下で，国家の安定を維持し，国防の重点を海防に移行した軍備の過程を概観する。

第1節　軍事改革が行われた歴史的な背景

　第二次アヘン戦争を契機に清国の対外関係処理システムに本格的な変化が起こった。それは1861年に清国中央政府機関内に総理各国事務衙門[7]（略して総理衙門とする）が設置されたことである[8]。外国との交渉を担当する専門の政府機関として創設された総理衙門は，当時軍機処[9]大臣であった恭親王の奕訴（エ

キキン，1833～1898）がその管轄を兼ねていて，事実上軍機処内に設置された一部門の性格を持っていた[10]。そのため，1860年代以降の清国の軍事の西洋化も総理衙門の直接的な管轄の下で行われた。

1860年に外国との平和関係を取り戻したが，国内の反乱はまだ治まっていなかったため，清国政府は国家の安全と安定を守るための軍備の強化を急務とした。そこで，1861年1月24日，恭親王の奕訢らは，以下のような上奏文を提出した。

　　　現在，条約が結ばれたとはいえ低迷している国力を養い，有事に備えて長期的に安全を確保する必要がある。また，発捻[11]を迅速に鎮圧するべきである。内患が除去されれば，外国からの侵攻も自然に収まる。平素，強いと見られた八旗禁軍［首都周辺を守る軍隊］が最近の戦争では役に立たないのは，兵力の問題ではなく勇気と見識が優れていないからである。もし火器を使った作戦方法を習い訓練を行えば，戦時に怯えない精鋭部隊になるはずである。現在，ロシアが鳥銃［マスケット銃］を1万挺，火砲50門を送り，フランスは銃砲を売ってくれるだけではなく，人を派遣して各種の火器の製造を指導してくれている[12]。

このように，列強が清国の内乱鎮圧に武器の支援や技術面で協力するという意思を表明しているので，政府は列強の協力を得て反乱軍を鎮圧する過程で，自国の軍隊の戦闘力を強化し，有事の際に頼りになる強い部隊に育て，防衛力を強化しようと計画した。

この時点での清国政府の分析は，発捻の反乱は「心腹の疾患」のようで，ロシアは「脇の疾患」のようであり，イギリスは「肢体の疾患」のようである[13]というものであった。反乱軍の鎮圧と外敵の撃退を同時に実施することは不可能だったため，とりあえず協力を確保できる強い国家を味方にできる状況で，敵対を続ける内乱側を収めようとしたのである。そこで，「発捻を先に滅ぼし，次にロシアを治め，また次にイギリスを治める」[14]というように，まず国内反乱を鎮圧し，次に国防上の問題を解決するという，課題の優先順位を明確にし

た軍事行動の戦略方針を打ち立てた。

　ここでたてられた方針の要点は歴史上の出来事と史料を織り合わせてみることによって明らかになる。1856年12月14日，皇帝の咸豊は，両広総督の葉名琛に，「国内の反乱が鎮定できていないのに，沿海でさらに紛争を起こしてはならない」[15]と伝え，また翌年の4月に，「国内では反乱が多く発生し，財政難に陥っているので，適切な対策を考え，今回のトラブルを解決し，目の前のことに縛られ，後始末の出来ない事態を招き，再び辺境問題を引き起こさないように」[16]と命じた。太平天国軍と戦っている最中に列強の条約の修正を目的とした交渉を戦争にまで発展させるのは，清国政府にとってどうしても避けなければいけない事態である。

　清国は，対外戦争が起こり，列強に厳しい要求を突きつけられた時，戦備を整え，戦闘に勝利を収めたこともあった。例えば，1858年の「天津条約」をとりあえず承諾した皇帝の咸豊は，英仏連合軍が天津から軍を引くとすぐ，軍費を出し，大沽砲台など海岸の警備を強化した。1859年の初めには，条約文書を交換するため天津から上陸したイギリスの公使フレデリック・ライト＝ブルース（Frederick Wright-Burce, 1814～1867, 中国名は普魯斯またはト魯斯）が率いた軍隊を撃退した[17]。その際の戦闘で，清国側の軍の指揮者の僧格林沁[18]は，英仏軍の銃砲の威力を実感し，「鹵獲した銃砲を京営八旗軍の火器営に渡して，模造させた」[19]。清国政府はこの時期の敗戦を「北方では捻軍の勢いが増し，南方では太平天国軍が勢力を拡大していて，財力も兵力も衰えていた。外国人は我の弱っているところに乗じて入ってきたため，彼らに負けた」[20]と見ている。

　清国政府は外国との戦争が終わると，条約を結んだ列強の狙いは国土や国民を奪い政権を取りにくる昔の侵略者のそれとは違っており，とりあえず要求を呑めば平和を取り戻せると考えたのである[21]。もし，国内戦争がまだ続いている状態で，列強に徹底抗戦すれば逆に政権を奪われかねないため，「講和を便宜に，軍備につとむ[22]」というように，臨機応変の策として講和し，列強の言いなりになり，少なくとも軍事的にはるかに優位にある列強の協力を獲得し，当面政権を脅かしている農民反乱を鎮圧することが清国の統治者たちにとって

23

必然的な選択となった[23]。

　以上の分析から，清国政府が，60年代の初めに，列強を排除することを最優先にせず，農民反乱軍の鎮圧に力を入れた背景が理解できる。

　次に清国政府が反乱軍を鎮圧するために，英・仏の軍事協力を得て，正規軍と勇営に導入した西洋式軍事訓練について見てみよう。

第2節　清国軍隊の洋式訓練

　第二次アヘン戦争で敗北した清国政府は，正規軍の兵器や作戦方法が近代兵器で武装された西洋の軍隊より著しく劣っている情況を憂慮し，正規軍と，農民の反乱軍と戦っていた湘軍・淮軍の戦闘力を強化するために，西洋の近代火器を導入し，洋式訓練方法を採り入れた。

　本節では，1860年代に行われた清国軍の洋式訓練の実態について述べる。

1　清国の兵力と軍制

　軍隊の洋式訓練の情況を理解するための準備として，まず清国の従来の軍隊組織がどういうものであったのかを見ておく[24]。

　1851年に太平天国の反乱が起こる前は，清国の正規軍には八旗軍と緑営軍の二種類があった。

　八旗軍というのは，清の太祖ヌルハチが女真族の部族たちを統一し，明国と戦っていた時に，部族の狩猟の際に使っていた臨時武装組織を基礎に，黄，白，赤，青の四色の旗，さらに鑲黄，鑲白，鑲赤，鑲青の四種類の旗を加えて，合わせて八つの旗色で分けて組織した軍隊である。

　八旗は後にモンゴルを支配下に治めることによってモンゴル八旗軍，そして長城から南の漢民族の　部を征服することによって漢軍八旗も組織され，次第にその兵力も規模も拡大していった。

　八旗軍は，牛泉（ニューロ）・甲喇（ジャラー）・固山（グサン）の3つの単位で編制され，1牛泉には300人，佐領1名を配置する。5つの牛泉が1,500人の1甲喇を合成し，参領1人を配置する。五つの甲喇が7,500人の1固山を合

成し，都統1名，副都統2名を配置する。初期の八旗は，軍政と行政，兵士と農民，戦闘と耕作という性格を併せ持った組織であった。1644年，清軍は，明国の首都北京を占領した後，広い国土を支配するため，八旗軍を常備兵制とし，八旗内の16歳以上の男子の中からたくましい者を選び出し，またその中から一部を選抜し，軍籍に入れ，佐領の下で営を単位に訓練させて，正式の兵員——額兵と随従（士官に仕える軍人）——にする制度を設けた。残りの者と16歳未満の青少年の中から「養育兵」を選び，予備役に編入することとした。

八旗軍は騎兵を中心とし，歩兵を合わせ持った軍隊である。兵器はほとんど白兵器（刀や鉾など）であったが，1631年から砲兵を組織し，佛郎機（フランキー）砲・紅夷（衣）砲と神機砲を配備した。1691年に火器営を設置し，砲営には子母砲と銃営には鳥槍（火縄銃）を配備した。1749年には攻城兵として健鋭営を創設した。

八旗軍もその役割によって禁旅八旗と駐防八旗とに分けられ，それぞれおよそ10万人で構成されている。禁旅八旗軍は北京及び周辺地域に駐屯する。駐防軍は4つに分かれ，全国各地に分布している。

駐防軍の一つ目は，満州族の発祥の地，黒竜江・吉林・盛京（今の遼寧省）の東北三将軍の管轄地を守る軍である。二つ目は，北方のモンゴルを監視し，京師すなわち首都を守る軍である。これはチャーハル・熱河の両都統及び密雲・山海関の両副都統によって管轄される。三つ目は，北西の辺境地区を守る。ここにはウリヤスタイ（今のモンゴル国のジブハラント）・コブト（今のモンゴル国のジェルガラント）・綏遠城（今のフフホト）・イリ（今の新疆ウイグル自治区の霍城県の境内）・ウルムチ・カシカルなどの地域が含まれる。そして四つ目は，内地の各省を監視する役割を担う軍隊である。これは，広州・福州・江寧（今の南京）・荊州・成都・寧夏の6つの将軍及び京口（今の鎮江）・乍浦・青洲（今の山東省の益都）・涼州（今の甘粛省の武威）・西安の左翼右翼など6つの副都統に管轄される[25]。

以上が八旗軍の概要である。これに対し，緑営軍とは，明国軍の軍隊組織を基礎に組織された部隊である。使っていた旗の色が緑であり，営を基本単位にしていたため，緑営軍と呼ばれた。中央では京師（北京）に5営が配置された

第1章　軍事改革と技術輸入政策（1860〜1875）

ほか，各省にも駐屯した。それが総督・巡撫・提督・総兵らによって統轄される。彼ら直轄兵をそれぞれ督標・撫標・提標・鎮標と呼ぶ。標の下に2〜5営を設置し，集中的に守護する。戦時には機動力として動く。また副将が統轄する軍を協と呼び，戦略要地を守る。参将・遊撃・都司・守備などが統帥する部隊を営と呼び，各地の城関を守る。千総・把総が管轄する軍隊を汛と呼び，数人から数十人がいて，道路や辺境地に分散配置された。緑営軍は騎兵・歩兵・守兵の混成軍であり，兵器は白兵器のほか鳥銃・抬銃[26]・火砲などの火器も配備していた。

　こうした巨大な軍隊組織や莫大な数の兵員を持っていたにもかかわらず，国内の農民の武装蜂起に対しては，必ず当地の農民の中から兵を募り，これによって勇兵を臨時的に組織し，短時間の訓練を施したのみで鎮圧に当たらせた。これが乾隆皇帝の時代から始まった有事に対応する軍制であり，一種の臨時機動隊制として次第に定着してゆく[27]。

　内乱に対応する臨時の傭兵は，地方の官僚や国家の出資によって維持されていたため，戦争が長引くとその財政上の負担が重荷となり国家財政を圧迫するようになる。そこで，財政上の負担を軽減するために，戦争が終わったらすぐに部隊を解散し，兵士を帰郷させる。まさに兵隊の使い捨てであった[28]。

　これは，経済的に得策であっても，近代の火砲や兵器を操った戦闘力の強い兵隊を育て，平素から国内の安定や国家の安全を守るための常備軍としての兵力を維持するには不利であった。また，こうした兵士が，故郷に帰った後，反乱軍に吸収される場合もあるので，かえって社会の不安定要因になる恐れもある[29]。1850，60年代には，組織された勇兵を，前の時代と同様に，戦闘が終わるとすぐにすべてを解散させることはできなくなった。曽国藩の湘軍，李鴻章の淮軍は，郷勇であったが，国防を強化していた時期にあったため洋式軍隊管理制度を取り入れ，従来とは異なり，正規軍の補助隊として存続した[30]。

2　八旗，緑営の洋式訓練

　清国軍隊の洋式訓練は1860年代の初め頃に，正規軍の八旗軍から始まった。

26

第 2 節　清国軍隊の洋式訓練

(1) 八旗軍の京畿三営及び天津海防軍の洋式訓練

　上述の通り，1861 年 1 月 24 日，奕訢らは，火器に熟練した精兵を創ることの必要について皇帝に建言した。

　当時，清国政府は，ロシアからの近代銃砲の入手も，フランス人技師の指導の下での銃砲の製造も実現させられずにいた。一方で，捻軍が北上する気配を見せており，優れた兵器に慣れた兵からなる軍隊の育成は急務であった。そこで，まず第二次アヘン戦争で英仏連合軍と戦った際に，敵軍の兵力に大きな損害を与えた清国特有の銃，抬槍（銃）を増産させた[31]。

　さらに，京畿八旗軍の火器営など銃砲専門の部隊を整備するだけでなく，銃砲隊の予備軍として弓矢を使っていた騎兵隊にもすべて銃砲の使用を練習させ，京畿八旗軍の戦闘力を強化することに努めた[32]。

　同時期，ロシアが東北で国境地帯に勢力を拡大しており，国土が蝕まれていたため，東三省の辺境防衛軍にも抬銃の訓練をさせ，防衛力を強化した[33]。

　1862 年 2 月，「技芸を学ぶと同時に海防を強化する」との言葉の下に，外国の作戦技術を学び，海防を強化し，首都の安全を守る目的で，清国政府は火器営，健鋭営と円明園八旗軍の中から兵員 120 名，章京[34] 6 名を選出し，天津へ派遣し，銃砲の操縦方法と陣法を訓練させた。イギリスの士官のスティブレイ（William. Staveley，中国名は斯得弗力または士迪佛立）らが訓練を指揮した。三口[35]通商大臣の崇厚（スウコウ，1826〜1893）は天津に来た兵士の中から 11 名を選び，軍隊を率いる軍官とし，残りの兵士の中から 108 名を選び，12 名を 1 隊にし，その内の 6 隊に銃を，3 隊に砲を毎日 2 回練習させた。残りの 7 名は 1 隊に組織できないため，交代で銃砲の練習をさせた[36]。

　スティブレイは，要地を守るには北京からの兵士の人数では少ないとし，120 名の追加派遣を崇厚に要求した。そこで崇厚は，天津の大沽の守備軍の協兵の中から 120 名を送って共同で練習をさせた。また，スティブレイはイギリスの軍隊の 1 営は 480 人からなり，将来これが独立してほかの部隊の訓練を担うことができるとして増員を要望した。崇厚はこれを受け入れ，天津の大沽守備軍の協兵の中から 360 名，天津の鎮標の馬兵隊から 120 名を選び，砲の練習をさせた。しかし，スティブレイは，強い軍隊を創るには，兵士は多い場合には 1

27

万人，少なくとも5,000人，30歳以下の武官が35名必要であると建言した[37]。

しかし，当時，天津からこれだけの人数を集めることは不可能であった[38]。そこで，崇厚はイギリスの軍制に倣い，軍隊の人数を1営にするため，北京の漢人八旗軍のなかから360名を派遣するよう政府に要求した。崇厚はまた天津の大沽守備軍の協兵の中から500名，また，前に天津の鎮標から選んで銃砲の練習をさせていた500名の兵士の中から120名を選び，合わせて620名を，北京から派遣された兵士たちとともに大沽へ移し，西洋の銃砲の練習をさせた。5月に首都周辺の漢人八旗軍の中から376人の兵士が選ばれ，天津へ派遣されて前回に派遣された兵士たちとともに大沽で訓練をうけた[39]。

訓練には，天寧寺にいた勝保の軍隊が残した3つの洋砲に砲架をつけて用いた。また，天津駐在していたイギリス軍の銃や火薬，弾丸などを借りたり，買ったりして使っていた。後に，ロシアの支援により銃が届くとそれに変えた。また崇厚は，イギリスの火砲製造者の堅亜墨得と協力して，イギリスの炸砲（榴弾砲）・炸砲子（榴弾）・鳥槍致遠子（銃弾）及びロシアの群子砲（榴霰弾砲）[40]と群砲子（榴霰弾）[41]を模造して使った[42]。1864年に訓練を終えた官兵が北京へ戻り，1861年に組織された神機営に入った。これと火器営の中から選ばれた官兵を合わせて「威遠隊」が編成された。また，神機営の威遠隊から官兵512名が天津へ派遣され，洋式騎兵としての訓練を受けた[43]。

(2) 沿海各省の八旗，緑営軍の洋式訓練

各省の八旗緑営軍の洋式訓練は，1862年2月，天津から始まる。これは，北京から派遣された兵員の訓練と同時に行われ，訓練された新しい兵隊は防衛軍として天津の周辺の要地に配置された。太平天国の反乱軍が沿海地域へ広がりを見せると，政府は沿海各省の正規軍にも洋式訓練を行わせ，精鋭部隊を創り，軍隊の戦闘力を向上させることを各戦地の地方官僚に命じた。6月の奕訢らの上奏は，英公使ブルースらに，正規軍の洋式訓練の指導だけではなく，南の各開港場での歩兵や火器営の組織や，商業地の防衛などによって，清国政府の内乱鎮圧に協力させることを提案していた[44]。

しかし，財政上は無理があり，政府は，南の各開港地でも，新しい軍隊を創

るのではなく，天津を模範として，正規軍の中から兵士を選び洋式訓練をさせるほうが得策だとした。そこで，天津の訓練規定を江蘇省と福建省の督撫，将軍らに送り，当地の経費がまかなえる程度でなるべく早く軍隊の訓練規定を作り，天津の訓練方法で上海や福建で正規軍の洋式訓練を行うように命じた。9月の奕訢らの上奏には，外国の将校のもとで兵士に洋式訓練をうけさせるのみでは不十分であり，実際に戦争に参加する時，これらの新しく訓練された兵隊を指揮する，自国の将校が必要であることが指摘されていた[45]。

また，自国軍の指揮権を外国人教師の手に渡さないため，「練兵より練将が先である」[46]として，兵士に洋式訓練をさせる前に士官に訓練させ，作戦要領を身につけたものは，西洋の教師の下で訓練を受けた正規軍の兵士を指揮するという方針をたてた。そのうえで，曽国藩・李鴻章・左宗棠らに，都司以下の武官から120名を選び，上海・寧波の外国の教師に兵法を習わせるよう，また習得後は軍隊に戻って西洋の兵法を伝授し，同じく洋式訓練を受けた兵士を指揮するという制度を整えるよう指示した[47]。

さらに，福建省の文清・耆齢・徐宗幹と広東省の穆克徳訥・劉長佑・黄賛湯らに，八旗・緑営の中から兵員を選び，天津などの開港地で訓練させると同時に，元の軍隊に残った兵士には中国兵法の訓練をさせることに力を入れるように命じた[48]。

1862年10月7日から，両広総督労崇光は，広州で駐屯していた満・漢八旗軍の中から200名を選び，また督撫提三標及び広州の協兵の中から合わせて250名の兵士を選び，イギリスの教官の元で洋式訓練を始めさせた[49]。11月17日に政府が下した指示により，1863年1月13日から緑営の各標軍の中から都司以下の武官11名が派遣され，共同で訓練を受けた[50]。

1863年1月，臨時両広総督晏端と広州の将軍穆克徳訥らは，イギリス領事ロバートソン（D. B. Robertson，中国名は羅伯遜）の建言により，満漢八旗軍から官兵102名，緑営軍から官兵320名を選び，追加で広州に派遣した[51]。同じ1月にフランスの武官1名，兵士15名が広州に到着し，イギリスと同じく軍隊の洋式訓練を実施した[52]。これは1864年7月16日まで行われ，その後彼らは帰国した[53]。1866年4月3日に，イギリスの教官は帰国した。その時点で，

もとの軍隊に帰ったものを除いて，兵士として895人が西洋式の訓練を受けていた[54]。

福建省では，広東省にやや遅れて，フランスやイギリスの教官が，八旗緑営の官兵1,000名に洋式訓練を行なった。1865年5月から1866年4月の間に反乱鎮圧の任務を終えると，もとの軍隊に戻された[55]。

(3) 緑営軍の兵制改革と訓練

1863年6月からは，兵制に関して新たな動きが生じた。すなわち，直隷総督劉長佑は，湘軍（後述）の兵制を模範として直隷の緑営軍に改革を行った。具体的には，直隷の4万人の緑営軍から歩兵12,500人，騎馬兵2,500人を選び，前後左右中5つの軍を組織した。また勇兵5,000人を募り，これを2つの軍に分け，全部で7つの軍を創り，集中訓練させ，戦略要所に配置した。これを練軍と呼ぶ。しかし，これに40万両の軍費を費やすことになり，その額の割には，首都の安全を守る役割を充分に果たしていなかったことが指摘されていた[56]。

そこで，1866年，政府は首都周辺の防衛力を強化するため，練兵規定17条を頒布し，緑営軍の中から兵士15,000人を選び，もとの7つの軍を6つの軍に変え，歩兵隊2,000人，騎兵隊500人を1軍とし，遵化などの各要所で駐屯させ，直隷の総督に管轄させた。後に曽国藩が直隷総督になった時，この軍隊の編制に修正を行った[57]。

全国の各省では，この直隷省のように湘軍の組織規定を取り入れた軍隊が組織され，全国各地の戦略要地に駐屯して防衛の任務を負った[58]。また，同時期に，淮軍（後述）の編制の導入も行われるようになり，湘・淮軍の編制が60年代後半から全国各省の軍隊の訓練に取り入れられることになった[59]。

3　湘・淮勇営の出現と洋式訓練

1860年代後半の兵制改革の模範となったのは，湘軍・淮軍であった。以下ではこれらの制度について検討する。

第2節　清国軍隊の洋式訓練

(1) 湘軍

　清国政府は太平天国の反乱を鎮圧する正規軍の援軍として，戦闘が行われていた地域の周辺の各省に臨時の募兵を行うよう指示した。それに応じて，曽国藩が彼の郷里の湖南省で兵士を募り，1853年1月，正規軍に近い，陸師と水師をそれぞれ10営持つ，17,000人程度の兵員で構成される軍隊組織を作りあげた。これがいわゆる湘軍（また湘勇）である[60]。

　このうち，陸師の編制は営を作戦単位とし，1つの営には新兵6隊と前・後・左・右4哨がある。哨の下には8隊が置かれ，各隊には什長1名，伙勇1名，正勇10名が置かれた。全営には営官1人，哨官4人，哨長4人，什長38人，護勇と正勇416人，伙勇42人，全部で505人がいる。また，新兵の6隊の中，1・3隊に劈山砲（旧式の前装滑腔砲），2・4・6隊に白兵器（刀と矛など），5隊に鳥銃が配分された。1哨の中では，1・5隊には抬銃，2・4・6・8隊には刀矛，3・7隊には鳥銃がそれぞれ配分された[61]。

　すべての営には19の銃砲隊（うち劈山砲2隊・抬銃8隊・鳥銃9隊），刀矛19隊があり，残りには白兵戦用の武器と小火器が半分ずつ与えられた。これが作戦実行に有利な体制であると考えられていた[62]。

　湘軍水師は，1854年に組織され，国内で造られた戦艦に国産の船砲を設置し，乗組員には，戦艦の近距離戦[63]のために使う，旧来のものを改良した火縄銃や刀矛などの白兵器も与えられていた。水師では，国産の銃砲以外に，当時の両広総督葉名琛に依頼して購入した西洋の前装銃砲も使っていた。こうして湘軍水師の装備の中で火薬兵器の割合が増え，戦闘力も段々向上し，太平天国の水師との戦いで勝利を収めるようになった[64]。湘軍水師の創設者である曽国藩の観察では，「湘潭と岳州の勝利は洋砲のおかげである」[65]。彼は1862年3月，以下のように述べている。

　　今のところ，長江の水師は彭玉麟・楊載福らに統帥されている。船は千余，
　　砲は2,3千くらいある。逐年集めてきたためにこうした規模になった。
　　将来戦争が終われば，強い兵器を波に放り込まず，精鋭部隊を廃止せず，
　　安置する場所を設け，この水師を置くことで，長江沿いの防衛を強化し，

内外からの狙いを絶つことができる[66]。

　このように，国内の反乱が鎮圧された後には，彼が力を入れて作りあげた湘軍水師を正規軍として長江流域の安全を守る水師にし，内外からの侵害の阻止に用いるよう政府に建言した。

(2) 淮軍

　淮軍とは，李鴻章が曽国藩の指示で安徽省の郷勇を集めて組織した勇兵隊である。1861年9月，湘軍が安慶を落とした後，両江総督に昇格した曽国藩は，中心を攻める前にその周辺から手を入れるという方針で，まず蘇州・浙江を落とし，次に太平天国の首都天京[67]を攻略するという作戦準備を始めた。曹は兵力の増強のため，さらに1軍を組織するよう李鴻章に命じた。1862年2月，李鴻章が安徽省の淮河流域から集めてきた5営と，湘軍の中から選ばれた8営を合わせた13営からなる，6,500余人の淮軍が編制された[68]。

　5月，李鴻章の軍隊は，まず上海を確保し，次に蘇南を攻め落とした。次いで，天京攻撃に協力するよう，イギリスの船で上海へ送られた。李鴻章は，上海で外国人の雇用兵とともに太平天国の軍隊と戦ううち，自軍の武器が明らかに外国軍の兵器より劣っていることを恥じるようになり，武器を全面的に西洋式に切り換え始めた。1862年9月，まず前装洋銃に切り換えた淮軍は，1営に洋銃隊28・劈山砲隊10をもつこととなった[69]。

　1863年初めには，張遇春の新兵営の中に200人の洋砲隊が設置された。1865年には6つの開花（榴弾）砲営を創り，各営の劈山砲に代えた。淮軍が使ったのは約12ポンドの軽砲であり，砲弾は榴弾であった。1868年の8月，捻軍が鎮圧された時には，淮軍はすべての部隊の洋銃への切り替えを完了していた[70]。

　李鴻章は，軍隊に西洋の銃砲を使わせると同時に洋式訓練もさせた。1862年の11月にちょうど清国政府からの洋式訓練の指示があった時には，淮軍は前装式洋銃の切り換えを行っていた。彼は曽国藩に書いた手紙の中で，「洋銃は実に優れている。和春と張国良の軍営にこれがあっても，操作訓練を行なっていないため，役に立たない」[71]と，軍隊に西洋の銃砲を配分しても訓練をし

ていないため使い物にならないとして,洋式訓練を普及させた[72]。

第3節　西洋の砲・艦の輸入と国産化政策の実行

太平天国の反乱軍と捻軍などの反政府勢力が列強の民間商人からの武器提供を受け,急激に力を増している状況で,清国政府は,列強と反乱軍の接触を遮断し,列強の協力を独占して,内乱を鎮圧することに取り組んだ。さらに,正規軍の組織・編制の改革を行い,購入した兵器装備を使用できる効率的な陸軍と海軍を組織すると同時に,西洋の近代兵器と軍艦の国産化にも取り組んだ。

1　西洋火器の需要の増大

1860年代初め,南方地域の反乱軍の鎮圧に当たった軍隊の整備に加えて,首都の防衛に当たる軍隊の整備も行われるようになり,清国の陸軍・海軍の兵器と軍艦の需要は拡大した。この需要に答えるために,1861年の初め,恭親王奕訢と曽国藩らが,西洋の軍事援助を断り,国内で西洋式兵器と軍艦を製造して使い,西洋に依存しないで,西洋の先進兵器を国産化する政策を取ったとケネディーは見ている[73]。

後述のとおり1860年代の初め,恭親王奕訢と曽国藩らは,西洋の軍事技術を取り入れる面で一致して積極的であって,彼らの勧めで清国政府は西洋からの軍事技術の援助を受け入れ,将来的に兵器独立を目指した西洋の技術者の指導の下で国内の軍事工場における兵器生産はスムーズに始まっていた。

1860年に「北京条約」が締結されてからすぐ,1861年1月24日に提出された,既出の奕訢らの上奏文には以下のような箇所がある。

> 現在,ロシアが鳥銃(火縄銃)を1万挺,火砲50門を送り,フランスは銃砲を売ってくれるだけではなく,人を派遣して各種の火器の製造を指導する[74]。

このように,ロシアは,清国の京師八旗軍に鳥銃(火縄銃)1万挺,砲を50

門送ると申し出ていた。また，フランスから銃砲を輸入し，技師を招いて各種の火器の鋳造を指導させるという計画もあった。

しかし，ロシアの申し出はあてにならず，フランスがいつ技師を派遣し，銃砲などの近代火器の鋳造に協力するかはまだ決まっていない状況であった。それらが実現してから軍隊の武器を補充するのは，目前の需要に間に合わないため，まず，清国政府は，火器営などに資金を調達し，銃砲を生産して，直ちに八旗軍の兵士に配り，練習させるように指示した。また，八里橋の戦いで円明園の官兵が使った清国軍の従来の小火器（抬銃）は威力を発揮したため，抬銃を増産して使うことも指示していた[75]。

1850年代，太平天国との戦いで，曽国藩（当時の欽差大臣，両江総督）が彼の故郷の湖南省で募った湘軍は，主に西洋から輸入した高価な銃砲に頼っていた。戦争を通して，西洋の銃器が国内の従来のものよりかなり優れていることを実感した彼は，1860年10月に「北京条約」が締結され，外国との戦いが終わったことを契機に，1860年12月19日，「今回講和が成立したとしても，防備を忘れてはいけない。〔…〕今外国の力を借りて反乱鎮圧に当たったり，彼らに運輸を任せたりして，一時的に困難を解決できても，将来，永遠の利益を期待するには，外国から造船，造砲を学ぶべきである」[76]と述べ，西洋人から造船造砲の技術を学び，軍備を強化する必要性を説いて総理衙門に上奏した。

この献言は，既述の上奏文にある通り，1861年1月24日に総理衙門の恭親王の奕訢らによって採択された。そこでは，奕訢らは「永遠の利益を期待するに，将来外国から造船，造砲を学ぶべきである」という曽国藩の言葉を引用しながら，前代の皇帝である康熙帝の治下で国内の三藩の反乱を鎮圧した際，西洋人に造ってもらった銃砲を利用したことを例にだし，当面フランスなどの諸列強が兵器の国内生産に協力することが可能になったため，上海で西洋の火器を生産し内戦に使う任務を，曽国藩らに実行させることを咸豊帝に上奏した[77]。そしてこの日の上諭では，銃砲の購入と外国人兵器製造技術者たちを雇い入れることを曽国藩らが実行するように命じた[78]。

当時，曽国藩の湘軍は太平天国軍と戦っており，1861年9月5日に安慶（安徽省）を占領した。その後，曽国藩は12月に安慶内軍械所を創設し，国内で，

西洋式の自然科学や技術の知識を学んだ軍事技術者の徐寿（ジョジュ，1818～1884），徐建寅（ジョケンイン，1845～1901）父子などの科学者，また，龔芸棠などの火砲製造技術者たちを集め，西洋の技術者の指導のないまま，独自に西洋火砲や砲弾の製造を始めるとともに，清国政府からの指示もなかった，汽船の研究，設計及び生産にも挑戦した[79]。1862年7月30日と1863年2月25日の曽国藩の日記によれば，安慶内軍械所では，蒸気機関の製造にも成功しただけでなく[80]，炸裂砲弾も製造できるようになった[81]。

　1863年には清国最初の汽船「黄鵠」号の製造にも成功していたが，技術的に欠陥があって航行速度が遅かった[82]。つまり，曽国藩の軍隊に属した兵器工場の安慶内軍械所で建造された西洋式の軍艦は実践には役に立たなかった。また1864年に湘軍水師のための軍艦購入計画[83]も結局失敗した。

　1864年，天京を陥落させた後，安慶内軍械所は南京に移り，金陵軍械所となり，長江沿岸の砲台や防衛軍隊の武器や軍需品を生産した。1867年には，その一部である造船部が江南製造局に併合された[84]。

　当時曽国藩の部下であった李鴻章は，1862年の初め，淮軍を率いて上海へ入り当地の兵勇を整頓し，ウォード（Frederick Townsend Ward，中国名は華爾）[85]の洋銃隊など外国の兵力と協力して太平天国の軍と戦う任務を負った[86]。

　ちょうどこの時，太平天国の勢力は東南沿海まで拡大する勢いを見せるようになった。また，列強の民間の武器商人から近代銃砲を購入し，急速に強くなりつつあった[87]。さらに捻軍も力をつけ，清国の首都を脅かすほど緊迫した状況になっていた。そこで清国政府は，11月17日に，開港され列強が商業活動をしていた上海・天津などの沿海地域に官兵を送り，外国人の士官の下で作戦方法や武器の取り扱いなどについて洋式訓練を受けさせるだけではなく，外国人技術者の指導を受けて，西洋火器の製造方法も習得し，反乱軍の鎮圧に役立つよう，また軍隊の戦闘力の強化に取り組むよう指示した[88]。

　上述から解かるように，1862年の末，清国政府は再び西洋技術者を招き入れて先進兵器を生産し，反乱の鎮定に使うという命令を下した。このとき，西洋人の協力を得て上海を守る任務を負っていた李鴻章は，後述のとおり上海で軍工場を建設し，外国人技師を雇って機械で西洋の火器を生産し始めた。

第1章　軍事改革と技術輸入政策（1860～1875）

2　西洋人技術者の指導の下で行われた兵器と軍艦の製造

　1860年から1868年までの間，太平天国と念軍などの反乱を鎮定するためには，西洋の火器が大量に必要とされていたため，この時期に創設された兵器工場で主に銃砲や火薬および銃・砲弾の生産を行った。

　一方，西洋の軍艦の製造には，高等な工業技術を必要とするだけでなく，高価な材料を外国からの輸入に頼らなければいけない状況であった。また国内では蒸気軍艦の運転と使用にも必要な専門的な技術者がいない状況であったため，当時汽船の造船を始めることは現実的ではなかった。

　以上の事情から，清国政府は，内乱の鎮定戦の間は軍艦製造の指示を出さなかった。反面，西洋人の技術者の下で兵器の製造を行なうこととする指示を1861年の初めから1862年の末までに二回ほど出し，戦時の需要に答えようとした。これは清国政府の兵器製造に関する積極性や需要の緊迫性を表しているが，これに比べて，造船に関する政策の実行は遅かった。まず，兵器生産の様子を見る。

(1) 兵器生産

　1861年11月，西洋の兵法だけではなく，武器製造技術をも学習し，国軍の兵器を国内で生産し，軍隊の戦闘力を向上させよとの政府からの命令を受けた李鴻章は，上海で洋砲局を創設して，1862年末から1863年末の約1年の期間のうちに，兵器製造に詳しいイギリスとフランスの軍官を雇い入れ，西洋火器の製造に取り組んだ。この間に，イギリス人のマッカートニー（Halliday Macartney, 1833-1906，中国名は馬格里）と劉佐禹が運営する局では，外国の職人と中国人の職人が協力して生産した。韓殿甲と丁日昌（テイジッショウ，1823～1882）の運営した局では，職人はすべて中国人で，西洋の生産方法で火器を造っていた。この三局は最初の時期は，主に淮軍の長短炸砲の砲弾（榴弾）を供給していた。これが蘇省炸弾三局である[89]。

　これらの砲局では，1863年12月，李鴻章の淮軍が蘇州を占領した後，マッカートニー・劉佐禹の砲局も蘇州へ移動し，蘇州洋砲局となった。1864年の初めには，李鴻章は，マッカートニーの勧めで，イギリスから購入したものの

36

清国政府の指示に従わないなどの原因で本国に帰らせることになっていた小艦隊から兵器修理に使われる工作機械を購入した[90]。これらの工作機械の中にボイラー・旋盤・ボーリングマシンなどが含まれていた[91]。これによって，最初は，主に手作業で火薬や砲弾を作っていた蘇州洋砲局が，機械で兵器を造る工場となった[92]。

1864年5月，外国の火器の生産方法を学習した状況について，李鴻章が総理衙門に報告した上奏文によると，当時，蘇州洋砲局には外国人の技師4～5人，中国人職人50～60人がいて，機械が完備されていない状態で，月に大小炸弾（榴弾）[93]を4,000発生産していた。韓殿甲と丁日昌の運営した局では，土の溶鉱炉を使った手作業で，約300人の職人が月に大小炸弾を6,000～7,000発生産し，鉄の大小臼砲（資料では短炸砲，田鶏砲或いは天砲という）を6～7門生産した。このほか，銅薬莢なども製造できるようになっていた。しかし，まだ西洋のものほど精密ではなかった。この時期に李鴻章の管轄下のこれらの工場では，一番威力のある先込めカノン砲をまだ試作していなかったため，李鴻章の軍隊は輸入品を使用していた。上奏文は，これを生産するには外国から機械を揃え，外国人の優秀な技師を雇わなければいけないと伝えている。また，長短炸砲を使うには西洋の火薬を使わなければその効果を発揮できないとも述べている。当時，西洋の後装式施条砲の情報は伝わっていたが，この新式火砲の輸入は行われておらず，生産も行われていなかった[94]。

これらの炸弾三局は，いずれも規模が小さかったため，生産力が限られていた。そこで，李鴻章は，1864年の春，丁日昌に対して炸弾三局を基礎に大型の軍事工廠を建設する準備を命じた。1865年6月には，丁日昌は上海の紅口にあったアメリカ人の建設した旗記という鉄工場を買い取り，韓殿甲と丁日昌の局を併合し，容閎（ヨウコウ，1828～1912）がアメリカから買ってきた機械をすべて設置した。韓殿甲・丁日昌・馮焌光・王徳鈞・沈保靖らが局務の共同管理人に委任され，9月29日，同工場は，清国政府によって正式に江南製造総局（略して江南製造局）と称されることになった[95]。

1868年10月17日の，曽国藩（当時は直隷総督）の「新作輪船折」によると，江南製造局が設立された後の2，3年の間，初めは戦争のための需要が大きかっ

第 1 章　軍事改革と技術輸入政策（1860～1875）

たため，李鴻章は銃砲の生産と供給を優先していた[96]。
　しかし，購入した機械のほとんどは船舶修造用のもので，銃砲製造用のものは少なかった。そこで，集まった職人たちはまず，集めた機械を工夫して用いて旋盤などの 30 台くらいの機械を製作し，これらを使い，銃砲の生産を始めた。造った銃も輸入品とほぼ同じ品質を有していた。江南製造局が設立された当初は，敷地面積が狭く，周囲の外国人住民が兵器生産に反対したため，1867 年夏の間，上海城南の高昌廟へ移転した。移転後の江南製造局は規模を段々拡大して，ボイラー・機械（機械工場の中には洋銃楼を設置）・木工・鋳銅鉄・輪船・熟鉄・火箭などの工場を次々と設立した[97]。
　江南製造局は，1867 年から 1874 年にかけて，その生産の規模を絶えず拡大していった。1870 年代には，後装式大砲の性能が不安定であったため，西洋では技術改良が行われていた。西洋の技術を導入して生産を行っていた清国の工場では，後装式大砲の生産は試作段階にあった。このため国内ではこの時期において新式西洋大砲の生産能力の向上は目立たなかったが，小銃と弾薬の生産は著しく伸びた。火砲の生産に於いて，1874 年になって初めて，外国人技術者の指導の下で，錬鉄で補強された鋼製の砲身を持つ 12 ポンドの先込め施条砲が生産された。中国の軍事工場でその種の大砲が製造されたのは，これが初めてであった。重火器において使用する砲弾の最初の生産は，1874 年に日本の台湾出兵による危機が生じた時期に，機械工場の中で緊急になされた。1876 年の初めには，船側に備え付けるクルップ砲に使用する 70 ポンドの榴弾（炸裂砲弾）は，毎週 800 発が生産されていた[98]。
　兵器の生産で最も重要な進歩は，銃と弾薬筒の分野で達成された。最初に，イギリスとアメリカのモデルに基づく 11 ミリ口径の先込め式モーゼル銃が生産された。1871 年に至るまでに，7,900 挺が生産された。その時，4 名の新しい外国人技術者の指導の下で，江南製造局の職人は，レミントン式後装ライフル銃の機械生産を始めた。そのモデルは，ほんの数年前に欧米で使用されるようになったものであった。1875 年，一年の生産量は 3,500 挺に達した。この時期に江南製造局で生産された武器・弾薬の大部分は，南洋大臣に従属する艦船・部隊に配給された[99]。

1865 年，李鴻章が両江総督を代理した頃，南京で金陵機器局を創設し，1866年 8 月には，蘇州洋砲局を南京へ移入しこれに合併した。劉佐禹は責任者（総弁）となり，マッカートニーは監督（督弁）となった。1875 年までに，金陵機器局の生産品種は多様であり，鋳鉄砲・真鍮製施条砲・砲架・砲弾・小火器雷管・水雷・魚雷を含む兵器を生産していた。ガトリング砲も最初にここで生産された。火砲の生産においては，1875 年 1 月，天津を守る大沽港に取り付けられた 2 門の 68 ポンド鋳鉄砲が爆発し，操作した兵士が数名死亡した。この事件は機器局の生産物の品質管理や技術水準の向上の必要性に目を向けさせるきっかけとなった[100]。

(2) 炸弾三局における技術者の育成
　前述の 1864 年 5 月の上奏文において，李鴻章は，外国人を雇い，近代兵器を造ったという成果を報告すると同時に，京畿八旗軍の中から武器製造に詳しい官兵を選び，江蘇省へ派遣して研修させ，兵器製造技術を習得させ，首都を守る軍隊の武器の近代化を図るべきであると進言している。
　この進言は，恭親王奕訢らの同意を得た。1859 年から，清国の首都周辺地域に駐屯していた京畿八旗軍の火薬兵器部隊（火器営）では，敗れて逃げた英仏軍の残した炸砲・炸弾を研究し模造させているが，「教師の無い勉学はおおかたを理解しても，精微なところを分かるのは難しい」[101]との観察を得ていた。模造に必要とされる書物や技術者の指導もない状況で，実物だけを用いて研究を行うのでは，技術の細部までを把握するのは困難であった。
　また，三口通商大臣であった崇厚が，1862 年 9 月 5 日と 11 月 12 日に上奏した文書によると，彼は当時，京畿八旗軍と緑営軍にロシアから得た銃砲を配り，練習をさせると同時に[102]，外国の官兵の協力を得て，西洋の砲車・大小炸砲などの試作も行い，軍隊の練習に使っていた。このため，炸砲の威力を発揮するには，良質のものを模造して，正しい訓練をする必要があると認識していた[103]。このように，西洋兵器の需要が拡大すると，兵器製造に必要な技術者が求められた。これに応えるために，1864 年 6 月 2 日，恭親王奕訢らは，京畿を守る正規軍，すなわち京師八旗軍の火器営から兵器製造に詳しい官兵を

選出し，江蘇省の巡撫である李鴻章のところで，西洋の兵器製造技術を学ばせるために派遣することを上奏した。上奏文は，「国を治めるには，強い軍隊が必要である。時勢を見れば，強い軍隊を創るには，兵隊の訓練が大事である。兵隊の訓練をするには，先に兵器を造るべきである」[104]と述べ，軍隊の訓練に欠かせない兵器の生産供給の重要性を説いている。

当時，政府は，正規軍には西洋火器の技術を習得させながら，民間での兵器技術の学習は禁じていた。これには，以下のような理由があった。清国の正規軍の兵力の源は旗人であったが，この「旗人は定住していて，容易に防犯できる」一方，「民間で兵器技術の学習を禁ずるのは社会の安定を維持するためである」[105]と考えられた。旗人（世襲制）は比較的に組織も住所も安定しているため，反乱が起こった時などにも動員しやすい。そのため，まず首都圏の旗人出身の兵士に兵器製造技術を学ばせ，近代兵器技術を政府軍が独占するという方針が定められた。

次いで，首都の治安部隊に当たる火器営の火器製造を習った経験者の中から武官8名，兵士40名を選び，江蘇省の巡撫でもあった李鴻章の下に派遣し，西洋の炸弾炸砲及び各種の火器製造のための機械や工作機械の製造について学ばせた。6月には，この48人の内，参領の薩勒哈春，候補副参領の崇喜らの官兵24人を，マッカートニーと劉佐禹が経営する外国人職人を雇っている砲局に，副参領の色布什新などの官兵12人を副将韓殿甲の砲局に，そして残りの12人を丁日昌の局にそれぞれ配分して研修をさせた[106]。

この第一期の研修生が，研修終了後，清国政府の西洋兵器の製造技術の普及にどのような貢献をしたかを記録した文書はまだ見つかっていない。しかし，このような政策の存在は，当時，清国政府にとって，西洋の先進兵器の生産技術の導入が切実な課題であったことを示している。

(3) 兵器工場の建設方針の確立

先行研究には，1860年代の兵器工場の分布配置について議論したものは少ない。ただし，序論で既述した通り，天津機器局の創設について言及する際，「1865年，江南製造局と金陵製造局が相次いで建設され，江南地域の兵器の生

産が発展したため，政府は武器生産の分布を考慮し，北方にも軍事工業を建設することにした」107)と，政府が兵器工場の南北分布のバランスを考えたと説明している研究は存在する。また，「清国政府は，江南製造総局・金陵機器局と福州船政局が相次いで建設されたのち，外国式銃砲と艦船が漢民族封建地主実力派の手中に完全に掌握されることが，自己の支配にとって不利となることをひたすら恐れて，満州人貴族で三口通商大臣の崇厚に命じて，天津において機器局を開設させた」108)と述べるものもある。

　これらの先行研究の記述には，補足すべき点があるように思われる。福州船政局と天津機器局は，南北の異なった場所で建設されてはいるが，それらはほぼ同じ時期，すなわち1866年に計画され，翌年に開業している。すなわち，場所は異なるが，当該地域の地理的利便を生かし，首都の安全を守る陸軍と水師の需要に対応することを第一の目的として，一つの構想の下で建設されたものである。工場の地理的分布が考慮された可能性はあるが，それのみに注目すると，当時の工場建設の計画性は明らかにはならないであろう。以下ではこの点について検討する

　湘軍，淮軍という洋式訓練を受け，西洋の火器を持って戦い，大平天国などの反乱軍を鎮圧できた経験から，清国政府は，国内の平和を保ち，外敵から国を守るために，軍隊の洋式訓練を全国的に広める必要性を感じていた。

　しかし，上述のとおり，当時，西洋の兵器を西洋の技術で生産できる兵器工場は江蘇省の炸弾三局だけだったため，1863年に，直隷省をはじめとする各省の正規軍（主に緑営軍の定員の中から選んだ兵士を，湘・淮軍の編制や建軍規定を応用して組織した練軍）に，訓練用と戦時用の銃砲を供給することは到底不可能であった。そして，この問題を解決するための兵部・戸部の会議が行われ，練軍に武器を供給するための工場の建設に関する議論が交わされた。この議論を分析することで，新しい事態に対応するための兵器工場の設立方針がどのように立案され，実行に移されたのかを確認することができる。

　1866年10月6日の総理衙門恭親王らの上奏文には，以下のような記述がある。

現在，兵部会議の規定には，兵隊の訓練には兵器が必要であるという条目がある。直隷から人を派遣し，天津で局を設け，製造するという議論もあった。我らが思うには，兵隊の訓練には兵器の製造が先立たなければならない。本国のすべての兵器は，随時随処で職人を選び，材料を調達して，念入りに製造するべきである。〔…〕今，直隷では兵隊の訓練が行なわれようとしているため，近くに総局を増設し，西洋の兵器や機械の生産に力を入れ，多目的で利用できるようにするべきである。有事の際，ほかの省へ軍隊を派遣することになれば，武器の補給が絶えないだけでなく，配分して使うのにきわめて便利である[109]。

ここには，随時随処で職人を選び，材料を調達して，すべての兵器を現地で生産・供給するのが適切であるという，兵器生産や供給に関する基本方針への明確な言及がある。また，天津に西洋の機械や銃砲を生産する総合軍事工場を創設し，直隷省など京畿周辺地域からの需要をその近傍から賄うことができれば，有事の際，便利であるという認識が示されている。

天津における機器局の建設についての議論において明確になった，兵器工場の建設に関する政府の新しい構想を，当時，三口通商大臣・兵部侍郎であった崇厚は，1867年1月30日の上奏文の中で，「中国のすべての兵器を，随時随処で職人を選び，材料を調達して，念入りに製造するべきである。〔…〕これはまさに，武器調達に甚だ便利で，戦略的且つ，将来性のある計画である」[110]と高く評価していた。

上記の議論を経て，直隷の緑営軍の訓練や京畿など周辺地域の軍隊が使う新式の西洋銃砲を生産するために，天津に兵器工場を建設することが確定した。政府は崇厚を天津へ派遣し，そこで機器局の創設に着手させた。彼はデンマークの領事のイギリス人，メドゥズ（J. A. T. Meadows, 1817～1875，中国名は密妥士）に頼み，イギリスから火薬・銅薬莢などを造る機械を購入させ[111]，また，上海・香港からも機械を買い集めた。そして，総額213,333両（テール）を投資して[112]，天津の東にある賈家沽道と南の海光寺に東局と南局（また西局）を設立し，1867年から開業させた[113]。

開業した当初は，機械が少なく，生産能力も低く，製品は天津の駐防軍だけに供給されていた[114]。小型の銅炸砲と砲車・砲弾を生産していたが，それに対して，一日の火薬の生産量は僅か300～400ポンドであり，江南製造局の日産量の3分の1にも及ばなかった[115]。

しかし，戦略的な意義を持った天津の機器局は，まさに，兵器工場の建設に関する基本方針が確立した象徴であったともいえる。

天津で機器局を設立したことの合理性や意義について，李鴻章らは次のような認識を表明していた。1868年1月24日付の，両江総督の李鴻章と藩司の丁日昌の上奏文を合わせた「条覆総理衙門致各省将軍督撫条説」は，「天津は京畿から遠くなく，海から近いため，材料を購入して製造するには便利である。早めに適切な場所を選び，機器場を設立し，京畿の官兵を学習させ，根本地[116]の防衛を固めるべきである」と述べている[117]。

また，李鴻章は，1870年の，政府からの天津の機器局を彼にゆだねるという上諭に回答する上奏文において，「総理衙門が，崇厚に命じ，天津で機械を購入させ，局を設立させたのは，火薬の製造において，南の局[118]の不足を補い，有事に対応し，首都を守る意味合いを隠し持っており，実に計画的である」と述べている[119]。天津機器局が，首都の安全を守るうえで，戦略的に重要な意義を持っていたことを強調している。

天津の機器局が設立された後，既述のとおり1860年代後半から国防を強化するために全国各省で軍隊の整備が行われ，軍隊の訓練が急務とされたことによって，火器の需要が益々増えていった。しかし，西洋式の交通機関が国内では取り入れられていなかった状況で，生産能力の低い数少ない工場から全国の軍隊に兵器を供給することは不可能であった。そこで，各省で必要に応じて，随時随処で軍工場を建設し，軍隊の必需品を供給するというのが，清国政府にとって最良の選択となった。

この後，第3章で見るように，1869年から1894年までの間に，全国各省で，規模がある程度大きな兵器工場が24ヶ所建設された。このうち，1860年代最後の年に創設された西安の機器局を例にとって，その詳細を見てみよう。

1862年以降，太平天国の一派と捻軍の一部が陝西省に接近すると，その影

第1章　軍事改革と技術輸入政策（1860〜1875）

響から陝西省の回民の蜂起が相次いで起こり，彼らの活動は甘粛省まで広がった。そのため，清国政府は，1868年に左宗棠を陝甘総督に任じ，鎮定作戦を進めた[120]。左宗棠は，湘軍を率いて陝西省に入った後に，軍隊の兵器を上海等の貿易地から購入した。内陸の陝西省までの運賃のために，武器の値段は高くなった[121]。

そこで，左宗棠は武器の購入費用と運賃を節約するため，1869年に西安で浙江省から職人を募り，機械を設置し兵器工場を開設して，洋銃の銅帽（銅薬莢）・開花子（榴弾）などを生産し始めた[122]。

左宗棠は1871年に甘粛に駐軍してから，福建省で機器局を司っていた頼長を呼び寄せ，彼が1872年の冬に蘭州へ来る際に連れて来た職人を技術者として採用し，運んできた機械と西安の工場の機械を合わせて設置し，蘭州の機器局を創設した[123]。この例は，工場の建設が現地の需要に合わせて実施されていたことを如実に物語っている。

1874年の第一次海防討論の後，1875年の1年間に，湖南・山東・広東などの沿江，沿海の各省で兵器工場が4つも建設された。このように1860年代から，各地で起こる軍事行動や軍隊の整備のたびに，随時に駐軍地から近い場所で職人を集め，機械を設置し，工場を創設して軍需品を供給することが，清国政府の軍事工業の建設のための新しい制度として定着していった。

(4) 国内戦争から国防への方針転換

第二次アヘン戦争が終わり，「北京条約」が締結され，諸外国との貿易・通商の範囲はほとんどすべての沿海・沿江地域に広がり，外国の勢力もそれらの地域を中心に拡大してゆき，商業にまつわる新たな問題も浮上してきた。

また，1864年に太平天国の反乱が鎮圧されると，国内反乱は収束の兆しを見せた。そこで清国政府は，外交問題に目を向け始めた。これにあわせて，将来起こりうる外国との武力衝突に備えるため，初めて中央政府と地方大臣の間で外敵の侵害から国を守る国防政策の議論が行われた。

1866年4月50日，総理衙門は，総税務ハート（Robert Hart, 1835〜1911, 中国名は赫徳）の提示した「局外傍観論」と，英国領事ウェイド（Thomas Francis Wade,

1818～1895，中国名は威妥瑪）の提示した「新議論略」の中の，清国の内政や外交に関わる重要な問題を取り上げた議論を，各沿海・沿江通商口岸及び地方の各督撫大臣に渡して議論させることを，軍機処に上奏した[124]。

総理衙門が，このような議論をうながした目的は，当面のところ外国が戦争を起こす可能性は低いが，それでも万一の有事に備えるためであった[125]。「局外傍観論」と「新議論略」は，ほぼ同様に内政と外交の事情を分析し，改革案を進言していた[126]。

後者は，特に，外国が中国を脅迫しているのは，地方で問題が多く，外国人商人の安全が守れないからであるという事情を強調している。また，中国は政治・経済・軍事など様々な分野で外国の力を借りて国力を向上させるべきであるとも述べ，中国の将来が不安であるとも告げている[127]。

これに対して清国政府は，国内の安定や外国との平和を維持するために国力を増強し，各地方の官僚が改革や西洋から学ぶことに力を入れ，管理体制を徐々に改善して行けば，外国人に軽蔑されず，起こりうる問題を未然に防ぐことができる[128]と分析した。そのうえで，列強がまだ新たな問題を起こしていない時期を利用して，当面の平和を守りながら，将来，沿江・沿海の江蘇・江西・浙江・湖南・広東・福建などの各省，及び三口通商地方で，外国商人を守るとの理由で戦争が起こることを防ぐために，地方の督撫大臣（官文・曽国藩・左宗棠・瑞麟・李鴻章・劉坤一・馬新貽・鄭敦謹・郭嵩燾・崇厚）らは外国との付き合いを深めるべきであると述べている。また，国内外の事情を正確に掌握して，国や国民の安全を守るために，現地に適した実行可能で詳細な計画案を迅速に立てるべきであるともいう[129]。

上述のように，1866 年に中央政府と地方の大臣が一丸となって，対外戦争を未然に防ぐために，軍備と国力を増強していくという方針も明確にされた。

同時期に，一部の政府や地方の官僚たちも，軍備を強化するためには，西洋の銃砲を国内で生産し，技術者を育てるだけでなく，艦船や機械の生産に必要とされる西洋の科学技術をも取り入れたうえで技術者を養成しなければならないということを認識するようになり，造船事業を興すことになる。地方でいち早く造船の必要性を政府へうったえかけ，それを実行に移したのが左宗棠と曽

国藩であった。

(5) 清国の蒸気軍艦製造事業の開始―福州船政局の創設と造船

当時閩浙総督を務めていた左宗棠は，1866年6月25日付の，清国政府の求めに応じて書かれた自強政策案を上奏した文章において，以下のように述べている。

> 東南の利益は海にあり，陸にはない。広東・福建から浙江・江南・山東・直隷・盛京まで，三面が海で囲まれて，江河が海とつながる。〔…〕平時はこれを利用すれば千里の輸送が庭園にいる如く，〔…〕有事の際はこれを利用して軍隊を派遣すれば，百粤（江蘇・浙江・福建・広東地域を指す）の軍隊は三韓（朝鮮半島を指す）に集結することができる。汽船に載せれば，七省の貨物はこれでつながり，海を警戒し海賊を取り締まるのに必要だけでなく，軍隊を移動させるのに欠かせない道である。ましてや，我が国は燕（直隷省の北部）に都を置き，天津と塘沽は実質的要所となった。海上で戦争が起こったために西洋の軍艦が天津に直接に到達し，我が国の防衛施設は役に立たなかった。〔…〕海の害を防ぎ，その利益を収めようとすれば，水師の整備を行なわなければならない。水師を整備するには，機器局を開設し，艦船を製造しなければならない[130]。

すなわち，沿海七省は海で結ばれており，沿海の航路は，平時には南北の運送に役立ち，また，有事の際には物資や武器及び兵隊を運ぶのに重要である。このように戦略的に重要な海上交通路線は十分に確保しておく必要があると提案している。

また，第二次アヘン戦争以降に新しく開港された天津は首都から近いため，有事の際，列強の艦隊はすぐに天津の海上に集結することができ，首都が戦争の脅威にさらされるようになった。そのため水師を整備しなければならないが，そのためにはまず国内で工場を創設し，西洋の最新の艦船を造らなければいけないとして，輪船（蒸気船）を造り，水師の整備を行う必要性があるとを訴え

ている[131]。

　これに加えて，左宗棠は，以前杭州で職人を集め，蒸気船の試作を行い，フランスの技師デギュベル（Paul d'Aiguebelle, 1831～1875，中国名は徳克碑）と税務司ジケル（Prosper Giquel, 1835～1886，中国名は日意格）に，造船を指導させ，西洋の技術を伝授させるという計画を立てていたが，漳州が太平天国軍に占領され，左宗棠が福建省に入り，鎮圧に当たってから中断したことも上奏文に述べていた[132]。

　左宗棠の，福建省で場所を選び，工場を設立し，機械を購入して，外国の職人を雇って，造船や船舶の操縦技術を移植するという計画は，当面の急務として，6月に清国政府の許可を得て，実行が決まった。左宗棠の推薦により，江西巡撫の沈葆楨（チンホウテイ，1820～1879）が福州船政局の開設を担い，西洋の艦船製造技術の学習や艦船の国産化が始まる[133]。

　1869年1月から5月の間に，初めての国産蒸気船の「万年青」号が完成した[134]。この船には，鋼砲4門・銅砲2門が設置されていた[135]。船政局を創設した当初の意図は製造ではなく，学習であったため[136]，日意格は，契約通りに生産が始まってから最初の5年間に，中国人の技師と職人に艦船の製造の技術や操縦の技法を教え，若い技術者たちを育て，15隻の艦船を製造した[137]。

　ここで，1868年から1874年までに生産された軍艦の性能を，それらの使途から分析してみる。

　1868年から1874までの福州船政局で建造された15隻の汽船は，5隻が商船であり，残る10隻は軍艦である。1874年8月までに，後者の中の「鎮海」が天津に駐在し，「湄云」が牛荘に駐在し，「福星」は台北に駐在していた。ほかの軍艦はすべて福建省の沿岸地に配置された[142]。次頁の表からこの時期に建造された汽船の機械設備の性能を見ることができる。これらの軍艦はすべて木造船体であった。出力は小さく，80馬力，150馬力，250馬力のものがあり，ほとんどは150馬力であった。時速は9～10海里のものが大半であった。排水量は515～1,560トンの間で，500～600トンのものと，1,258トンのものが多かった。備砲は5，6，7門が設置された軍艦がほとんどである。1871年に福州船政局は外国の先進軍艦の性能を求め，国産軍艦の時速を向上させると同時に，

第 1 章　軍事改革と技術輸入政策（1860〜1875）

表 1　1868 年から 1874 年にかけて生産された軍艦の数と性能[138]

順番	1	2	3	4	5	6	7	8	9	10	11	12	13	14	15	16
船名	万年青	湄云	福星	伏波	安瀾	鎮海	揚武	飛云	靖遠	振威	済安	永保	海鏡	琛航	大雅	元凱
船長（尺[139]）	238	162.1	162.1	217.8	200	169	190	208	166	166	208	208	208	208	208	20.4
船幅（尺）	27.8	23.4	23.4	35	30	26	36	32	26	26	32	32	32	32	32	32
喫水（尺）	14.2	10.6	10.6	13	13	11.8	17.9	13	11.8	11.8	13	13.9	13.9	13.9	13.9	13
出力（馬力）	150	80	80	150	150	80	250	150	80	80	150	150	150	150	150	150
機関	常式[140]立機	常式[141]横機	常式横機	常式横機	常式横機	常式横機	常式横機	常式立機	常式横機	常式横機	常式立機	常式立機	常式立機	常式立機	常式立機	常式立機
時速（海里）	10	9	9	10	10	9	12	10	9	9	10	10	10	10	10	10
排水量（噸）	1,370	550	515	1,258	1,258	572	1,560	1,258	572	572	1,258	1,358	1,358	1,358	1,358	1,258
備砲	6	5	6	7	5	6	13	7	5	5	7	3	3	3	3	
種類	木造商船	木造兵船	木造兵船	木造兵船	木造兵船	木造兵船	木造兵船	木造兵船	木造兵船	木造兵船	木造兵船	木造商船	木造商船	木造商船	木造商船	木造兵輪
完成年	1869	1870	1870	1870	1871	1871	1872	1872	1872	1872	1873	1873	1873	1874	1874	1875

第 3 節　西洋の砲・艦の輸入と国産化政策の実行

備砲の数を 21 門或いは 13 門にする計画を立て，実際に海軍の必要に応じて建造を行い，性能がよければ，同じ型の軍艦を建造し続けることになった。そして 1872 年に完成したのが「揚武」艦が完成し，この軍艦だけが時速が 12 海里で，13 門の火砲を設置していた。ところが，ジケルの献言によれば，時速の速い，備砲の多い軍艦を建造するには，1 年 3 か月が必要で，建造費が高くなるのに対して，時速の遅いほうを 1 年に 3 隻も建造し，経費を抑えることができるため，1872 年以降，時速の遅い軍艦が建造されるようになった[143]。当時の欧米ではすでに，榴弾対策として，また軍艦の衝角戦法の影響で，甲鉄艦が主流となったことと比較すれば，これらの艦船は，海上の戦争どころか，沿岸防衛にも有効な海軍艦隊を構成するには無理があった[144]。この時期のこうした成果から見れば，両造船所の軍艦建造は実際の海戦を想定したものではなく，蒸気軍艦の建造技術を移植するのが最大の目的であったといえる。

(6) 江南製造局の造船事業

1865 年から 1866 年の間，江南製造局は李鴻章の管轄下で軍事費の一部を割り当てて反乱軍の鎮圧のために必要な銃砲など兵器の生産を行っていた。1866 年の 12 月に曽国藩が両江総督になった後，1867 年 5 月には曽国藩は海関税の 2 割を江南製造局の経費として政府に要求し，その半分を造船に使おうとした。これが政府の許可を得て，1867 年以降予算が増え，1863 年に安慶軍械所で中止となった曽国藩の汽船造船事業は，江南製造局を舞台にイギリス・フランス人造船技術者の指導の下で再出発した[145]。1868 年に製造の参考とするため，翻訳館を開設し，『汽機発軔』，『汽機問答』，『運規約指』，『泰西採煤図説』などの技術本を翻訳し，製造に用いた[146]。

表 2 から分かるように，江南製造局で 1868 年から 1875 年までの間に建造された 6 隻の汽船のうち，4 隻は 1868 年に汽船の造船が始まった時期から 1870 年の間に建造されたものである。これらの汽船は福州船政局が同じ時期に建造した軍艦と同じく船体が小さく，備砲が少ないが，福州船政局の汽船に比べて馬力がより大きく，時速もより大きい。排水量の小さいこれらの汽船は，当時の基準では商船と軍艦の間に属する商・軍艦であった。1873 年と 1875 年に建

49

第 1 章 軍事改革と技術輸入政策（1860～1875）

表2　1868 年から 1874 年までに江南製造局で建造された汽船[147]

順番	1	2	3	4	5	6	7	8
船名	恬吉[148]	操江	測海	威靖	海安	馭遠	金甌	保民
船長（尺）	185	180	175	205	300	300	105	225.3
船幅（尺）	27.2	27.8	28	30.6	42.0	42.0	20.0	36.0
喫水（尺）	8.0	10.0	10.0	11.0	20.0	21.0	7.0	14.3
出力（馬力）	392	425	431	605	1,800	1,800	200	1,900
時速（海里）	12	12	12	15	14	14		
排水量（噸）	600	640	600	1,000	2,800	2,800		
備砲		8	6	13	26	18		8
種類	木製の船体・外輪・二つの帆柱	木製の船体・プロペラ・二つの帆柱	木製の船体・プロペラ・二つの帆柱	木製の船体・プロペラ・二つの帆柱	木製の船体・プロペラ・三つの帆柱	木製の船体・プロペラ・三つの帆柱	鉄甲の船体・プロペラ・三つの帆柱	鉄鋼の船体・プロペラ
完成年	1868	1869	1869	1870	1873	1875	1876	1886

造された海安・馭遠の両艦は排水量が 2,800 トン，時速は 14 海里，馬力が 1,800 匹，備砲が 26 と 18 門が設置されていた。福州船政局の建造した軍艦に比べて，艦載砲の種類がクルップ製の砲で統一されていた点が特徴的である。当時，西洋の海軍大国は，後装艦砲が設置された甲鉄艦を主力とする艦隊を保有していた。江南製造局の建造したこれらの木造の船体を持った軍艦は，こうした艦隊の攻撃に立ち向かう海戦を想定する場合，依然頼りにならないといえる。

　1864 年の春には，イギリスから購入した艦船により艦隊を建設しようとする清国の計画が失敗に終わっていた。それから 3 年を経た 1867 年，北・東・南三洋艦隊[149]の計画案が，江蘇省の布政使であった丁日昌によって清国政府へ提出された。これはちょうど，福州船政局と江南製造局で軍艦製造が始まった年であった。1870 年の 8 月と 9 月には，1868 年から 1870 年にかけて両局が建造した軍艦で，福建（南艦隊）と江蘇（東艦隊）両艦隊の建設がはじまってい

た[150]．しかし，第2章で見るように，北洋艦隊は軍艦の不足に悩み，建設が始まっていなかった．

おわりに

　要するに，第二次アヘン戦争で敗北した清国政府（総理衙門）は，農民の反乱軍と列強との間で強いられた二正面作戦の経験から，国内の安定を取り戻すことが先決問題であることに気付いた．そこで，1861年から1866年にかけて，清国政府は農民の反乱軍の攻撃から首都を守るためにイギリスの軍人から教師を招き，首都周辺の正規軍の洋式軍事訓練を行うとともに，正規軍の軍制の改革も試みた．また反乱軍を鎮定することを名目に列強の協力を勝ち取り，戦乱が盛んな地域で，正規軍と湘・淮勇営の洋式訓練に協力させただけでなく，兵器工場を建設し，外国人技術者の下で，前装式滑腔銃・砲と球形榴弾などの生産を行い，政府軍の銃砲弾薬など軍需品を現地で生産供給する同時に，これらの兵器工場で西洋人の軍器製造技術者の下で，自国の技術者を育成することを目指した．

　1866年の4月に，清国政府は，開港された沿江・沿海地域の安定を維持するための対策を求めた．その結果，首都の防衛を主な目的とした新式海軍の建設が必要とされ，蒸気軍艦の建造と操縦技術の導入が決まった．そこで，1867年に江南製造局の造船所と福州船政局の造船所が相次いで木造蒸気軍艦の造船事業を開始した．1870年に清国の軍艦建造は政府の計画通りに進み，福建と江蘇の両艦隊が建設され，海軍の整備は進んでいたかに見えた．またこの年に清国の軍事工場の建設方針が決まり，首都周辺の防衛に当たる正規軍が使用する兵器を供給するために天津機器局が創設され，操業を始めた．

　しかし，西洋の列強を対戦相手とすることを想定すると，農民の反乱軍の鎮圧を目的とする兵器の製造のための工場では，十分な性能を持った先進兵器と艦船を生産することはできない．

　このように1860年代から70年代の初めにかけて，清国政府は西洋列強の軍事技術を移植し，兵器の国産化に努め，自国の軍隊の戦闘力の向上を目指した

が，結果的にいえば，西洋列強のように，新式陸・海軍を組織し，海外で力を振るうことが可能になるどころか，海防体制を整えることもできなかった。この時代の清国政府が，海防軍備における海軍の必要性を十分に認識し，西洋に学び，新しい国内や国際情勢に対応するための試みをすでに始めていたことは間違いない。しかし，西洋の新式兵器と軍艦を，外国人技術者の下で国内生産し，西洋の軍事技術を移植しようとする政策は，1870年代の始め頃に限界を迎えることとなり，政策の転換は必要になっていた。

　次章ではこの需要に答えた第一次海防討論を論述する。

第2章　清国の海防戦略の転換と実行（1875～1880）

はじめに

　1874年11月に，清国政府は，1860年代の初めから力を入れてきた強兵政策が，海防においては著しい成果を挙げなかった現状を踏まえて，第一次海防討論を行った。この討論では，軍隊の訓練を引き続き行なう，西洋の先進兵器を軍隊に装備する，蒸気船の造船を継続させる，軍費を確保する，軍隊や工場などに使う人材を育成する，前に挙げた各項目を持続的に行うべきであるなどの六つの内容が具体的に議論された[151]。海防におけるこれらの項目は，1875年から，清国政府の任命した南北両洋海防大臣の主導の下で，実行されることになる[152]。

　本章では，1870年以降，清国において枢要な地位を歴任した李鴻章を中心に，海防策の立案・実施の過程を辿ることとする。李は，自身の国土防衛戦略を実現するために，当時の国内外の情勢の複雑な推移を注視しつつ，西洋の軍事技術や制度に対する認識の変化が引き起こされる出来事が生ずるごとに，機会を見逃すことなく，清国政府に積極的に働きかけ，西洋の先進兵器と軍艦の購入と国産化を中心とした技術導入政策の決定と実行を促して，北洋艦隊を創設しようと努めた。

第1節　第一次海防討論が行われた背景

　以下では，まず，清国政府が1870年代半ばに海防策の立案・実施に至る背景を確認しておく。

　第1章で見たとおり，第二次アヘン戦争が終結すると，清国政府の憂慮に反して，列強の軍事行動は，国土を占領し，政権を奪う程のものではなかったこ

第 2 章　清国の海防戦略の転換と実行（1875～1880）

とが判明する。1860 年の末，西洋人は条約の改定を行なった後，政府の国内反乱軍の鎮圧にも協力したため，清国の中央や地方政府の官僚たちの西洋に対する危惧はそれほど強くはなかった。しかし，1861 年の初め頃から，首都の安全を守ることが，海防の主要な課題となった。このとき配慮されたのは反乱軍への対策であった。1861 年からは，海防を目的に北京から天津に八旗軍の兵士が派遣され，天津の軍隊とともに洋式訓練を受けることとなった。当時の北洋三省の海防は，北上する反乱軍から首都を守ることを主な目的としており，この程度の措置で十分であると考えられた。これは清国政府が海防を重視することの始まりである。

　1866 年から中央政府は，「一国が問題を起こせば，諸国が共同で要求してくる」[153]国際情勢にかんがみて，沿江・沿海各省の安全も考慮に入れた海防軍備を始めていた。1867 年には丁日昌の海軍建設考案が政府に提示され，左宗棠と曽国藩の主催で軍艦の建造と海軍の教育も始まり，海防軍備は行われ始めた。

　1870 年に起こった「天津教案」[154]によって，天津がフランスの攻撃を受ける可能性が生じた時，天津機器局が創業して三年目に入っていたが，兵器生産の面で南の金陵と江南両製造局の不足を補う役割は果たしていなかった。現実的には，国内の兵器工場で生産された火薬兵器は，西洋の軍隊に抵抗するための武器装備としては，質的にも量的にも全く不十分であった。当時直隷総督に赴任したばかりの李鴻章は，天津の防衛において，沿岸砲台の建設を始めていたが，海外からの購入もうまくいかず，海軍の建設はまったく進んでいなかった[155]。そのため，この時点では，清国政府は経費を充分に集め，国産の銃砲を西洋の先進兵器に買い換え，兵隊を組織し，訓練を行なって外国の侵入から沿江・沿海各省を守るための守備体勢を整えるといった対策はまだ現実的ではなかった[156]。

　1871 年にイリがロシアに占領され，返還の交渉が行われていた時期に，古くから近隣国として交渉があって，西洋の制度を取り入れ，政治・文化を含めた全般的な改革を行い，強国へと変貌していく日本が 1874 年に台湾出兵を行うと，台湾の国防上の地位は目立つようになった。当時，台湾は福建省の海軍の防衛範囲に属していたが，軍艦の量が足りない上に，分布配置が合理性を欠

54

第 1 節　第一次海防討論が行われた背景

いていた[157]）。そのために，台湾に配置された軍艦は艦隊を形成できず，日本の台湾出兵に迅速に対応できなかった。こうして清国の辺境の安全問題に加えて沿海地域の安全問題も同時に注目を浴びるようになった。

　1870 年代の初め頃から，日本は積極的に清国へ接近し，欧米諸国流の外交関係を清国政府に求めるようになり，対等の外交関係を勝ち取った[158]）。それだけではなく，1874 年の 5 月，琉球の漁民が台湾へ漂着し，台湾先住民に殺害されたことの報復行動として，台湾出兵を果たした。この事件を通して，1860 年代の初めから，清国政府の要人や地方官僚たちは，日本は「将来は軍事的な脅威になりかねない」[159]）としてたびかさなる指摘を裏付けるものであると理解された。これにより，明治政府に海外において軍事力を行使する意欲があることを清国が理解することとなった[160]）。

　この中で結ばれた条約が日清修好条規である。日清修好条規は，1871 年 9 月 13 日（明治 4 年 7 月 29 日）に，明治維新後に日本政府が清と初めて結んだ対等条約である。ただ，この条約は互いに不平等（治外法権の一つである領事裁判権）を認め合うという一面があった。条約調印の際の日本側全権は大蔵卿伊達宗城，清側全権は直隷総督李鴻章である。

　この翌年の 1872 年 7 月 9 日，マリア・ルス号事件が起こる。すなわち，中国の澳門からペルーに向かっていたペルー船籍のマリア・ルス（Maria Luz）が，横浜港に修理の為に入港してきたが，同船には清国人苦力 231 名が乗船しており，数日後，過酷な待遇から逃れる為に，一人の清国人が海へ逃亡したところ，イギリス軍艦（アイアンデューク号）が救助したのである。イギリスはマリア・ルスを「奴隷運搬船」と判断し，イギリス在日公使は日本政府に対し清国人救助を要請した[161]）。

　当時の外務卿副島種臣は真摯にこれを受けとめ，神奈川県権令であった大江卓に清国人救助を命じた。日本とペルーの間では当時二国間条約が締結されていなかったため，政府内には国際紛争をペルーとの間で引き起こすと国際関係上不利であるとの意見もあったが，副島は人道主義と日本の主権独立を主張し，マリア・ルスに乗船している清国人救出のため法的手続きを決定した[162]）。

　この日本の処断に対して清国が好感を抱いたことにより，日本の軍事的脅威

第 2 章　清国の海防戦略の転換と実行（1875～1880）

に対する警戒は一時低下した。しかし，その後は，日本の台湾出兵に衝撃を受けた清国政府は認識を変化させ，海上からやってくる西洋諸国の脅威の上に，東洋の新興国日本からの脅威も加わったと理解するようになる。そのために，軍事力のさらなる強化，具体的には海防を強化することを中心とした国土防衛についての議論が，中央政府と地方大臣の間に行なわれることとなった。

第 2 節　第一次海防討論の主な内容

　1874 年に総理衙門は，日本の台湾出兵に迅速に対応できなかった海防の実情から，地方大臣たちに任せていた海防軍備はほとんど実績をあげていなかったことを痛感した。総理衙門の観察は，「庚申（1860 年）の紛争以来，人々は皆自強を思い，皆自強を言葉にしてきたが，実際には未だに実現していない。総理衙門が，軍隊の訓練，軍費の獲得，機械と汽船の製造などを行った際，意見の不一致から実行を妨げるものもあり，経費の不足にも苦しみ，事業を拡大できないこともあった。国防の基礎を置いても，それを継続して行うものがいない」[163]というものであった。総理衙門は，地方官僚たちの防衛政策の効率の悪さに憤りを露わにしたが，中央政府と地方政府が心をひとつにして絶えず軍備に取り組みさえすれば，軍事力の強化は実績を挙げ，外国からの侵入は起こらないで済むとも断言した[164]。

　1874 年 11 月 5 日に，総理衙門は，初めて，「防御戦に勝てば，平和を維持できる」との認識を明らかにした。防衛力を強化すれば，敵の侵入を防ぐことができ，国家の安全が守られると見たのである[165]。総理衙門はこうした守勢防衛を強調した防衛理念をはっきり打ち出し，国防建設の関連事項として，「練兵・簡器・造船・籌餉・用人・持久」などの六つの緊急課題を示すに至った。同時にすでに 1867 年に提示されていた丁日昌の北・東・南三洋水師（海軍）を建設する建言も合わせて提示し，本格的に国防の建設を行うため，沿江・沿海各省の都撫大臣らから，意見や具体策を求めるように皇帝に上奏した。これが即日に許可され，半年に渉る所謂第一次海防大討論が行われた。

　第一次海防大討論において主な課題として提示された 6 つの課題の内容は，

具体的には次のようなものであった。

「練兵」とは，陸軍水師の洋式訓練を強化することをいう。丁日昌が提出した北・東・南三洋水師（海軍）の海軍建設意見について議論し[166]，まず北洋で海軍の一部隊を創設して，訓練を行なう。同時に，陸軍（防軍・練軍）の兵器を西洋の後装銃砲に切り替え，西洋の戦術や作戦方法を訓練させ防御力を強化する[167]。

「簡器」とは，兵器の選択であり，当面は西洋から最新の銃砲の一番性能の優れたものを輸入し，軍隊に配分することをいう。全国のすべての部隊に同じ制式の銃砲を行き渡らせることができないのであれば，まず一部の陸軍や海軍の主要な戦闘部隊になるべく同じ種類の先進兵器を配分する。同時に，国内の兵器工場を拡充して，随時国産化をはかり，将来的にすべて兵器を国内で生産供給する[168]。

「造船」には，簡器の議論の内容と重なる部分があるが，新しい水師を建設するには，国内の造船所が軍艦を生産できない現状から，やはり当面は西洋から購入して海軍創設という緊急の需要に応ずるものとされる。同時に，将来的には国内で生産できる体制を整えていくことが目指されている[169]。

「籌餉」とは，軍備に掛かる経費を調達することをいう。経費を十分に供給できる財源が確保されなければ，軍備は進まない。このために必要な措置として，増税・借款・鉱山開発など多種多様な提案がなされたが，最終的に，各省の厘金[170]のなかから一，二割を貯めておき，軍費とすることとなった。当時，財源として想定できたものは非常に少なかったことが分かる。少ない経費を大切に使って，重要なことから先に着手し，徐々に体制を整えていくこととされた[171]。

「用人」とは，海防に参加するすべての軍事技術者に関わる事項である。当面は海防を行うために国内の識者を集め，外国人にも協力させて，海防に当たらせると同時に，将来海防を引き続いて行うために，国内で西洋の科学技術，いわゆる洋学を教える学堂を開設する。また海外へ留学生を派遣するなどの措置を取り，予備人材を育成するなどの方途を議論した[172]。

「持久」とは，字の如く，海防という新しい任務を完成するためには，多様

第 2 章　清国の海防戦略の転換と実行（1875～1880）

な困難を乗り越え，諸条件を整えていき，焦らず，一歩一歩着実に進めていくという決意をいう[173]。

こうした内容を中心とする海防討論は，1874 年 11 月 5 日から 1875 年 6 月まで行なわれ，実際に内陸の辺境問題を抱える各省及び沿江・沿海の各省の督撫らが議論の主役となった。

議論の結果は，軍機処大臣の奕訢らによってまとめられ，1875 年 5 月 30 日に，清国政府へ提示された。

これを受けて，清国政府は，海防の重要性と緊急性を理解した。「実効を重んじ，大規模にはせず，重要なことから試行的に少しずつやり続け，成果が見られれば，それを広め，次第に分布配置する」[174]のが，経費を確保し，海防軍備を持続できる戦略であると考えるようになった。

また，海防強化の方針を明確にした上で，李鴻章を北洋海防大臣に，沈葆楨を南洋海防大臣にそれぞれ任命し，北洋と南洋の海防を担当させた。彼らには，総理衙門が提出した実行内容の上奏文の写しが渡され，さらに詳しく議論して報告し，実行することが命ぜられた。

総理衙門の上奏文のうち，北西の防衛についての内容の写しは左宗棠に渡され，彼に北西の防衛全般が任されることとなった。東北三省などすべての辺境地域の外国と関わりのある各省の官僚たちにも，防衛対策を確実に行なうよう指示が出された。

このように，清国政府は，ロシア以外の諸列強が清国の領土を狙っている気配を明確には見せていない現状や，諸外国の地理的な位置から考えて，当面は，ロシアの占領した領土を回復することを優先的に目指すべきであると考えた[175]。こうして，国防の重点を明確にすると同時に，将来起こり得る海からの侵犯から国を守るために海防を強化するための準備をするなど，国家の安全を全面的に守る防衛戦略が決められた。

次に清国政府の決めた海防新方針が李鴻章の主導でどのように実践へ移されたかを見ることにする。その前に李鴻章の海防戦略が国内外の軍事情勢の変化の中でどのような変貌を遂げ，政府の新しい海防軍備戦略を本格的な実行までに辿りついたかを見る必要がある。

第 3 節　李鴻章の海防戦略構想の形成

　国家の防衛のためには，世界の軍事的な動向を随時掌握し，自国の実情にあった防衛戦略を立てる必要がある。1870 年，ヨーロッパでは普仏戦争が勃発した。この年，天津教案が起こり，清仏間の緊張が高まり，清国は第二次アヘン戦争以来の海からの軍事的圧迫を感じた。ちょうどこの時期に，李鴻章は北洋の海防を司り，陸・海軍の整備を行うようになった。フランスはプロシアとの戦いに追われ，清国との外交問題は戦争にまでは至らなかった。

　普仏戦争では，プロシアの何倍もの軍艦を保有していたフランスはバルチック海でドイツの水雷などの沿岸防衛施設を突破できず，戦果を挙げることができなかった。また，陸でもプロシア軍に敗れた。普仏戦争では，フランスが甲鉄艦を多数保有する海軍を誇っていたのに対し，海軍においては劣勢であったプロシアは，沿岸要衝の防衛を固くして，軍艦は少なくとも海上からの攻撃に対応することができた。また，1871 年と 1872 年に清国の沿岸に来たフランスとイギリスの大型装甲艦が入港できなかったことを受けて，李鴻章は，広大な陸地を抱える中国の特徴から，海防には陸軍建設が海軍増強より大事であり，海上で戦闘に参加できる装甲艦隊が必要であるとは考えないようになった[176]。そこで，国内産の軍艦については，イギリスの二等艦に匹敵する海安級（時速 14 海里，排水量は 2,800 トン，備砲 26 門）を限度に，江南製造局で建造し続けることとした。これより大きい軍艦は浅瀬の多い中国の沿岸には適さないと考えたためである。海軍の役割を，平時に海に出て警戒することと，有事の際に軍港に居て専守防衛にあたることとし，大型装甲艦の建造を提唱しなかった[177]。

　また，アメリカでは南北戦争中にモニター艦が現れて，沿岸防御・要塞攻防などに使われた結果，封鎖戦と封鎖突破戦に適した軍艦として認められるに至った。南北戦争後，モニター艦は各国において沿岸防衛のために採用されるようになった。この時期に，江南製造局の造船職員はイギリスへ渡り，モニター級の小型巨砲艦の様式を獲得した。1871 年，曽国藩は清国政府からの許可を得て，この種のモニター艦を国内で建造することとした。1872 年には，江南製造局は，経費の浪費問題と，生産した軍艦が役に立たないなどの問題が原因

で活動が停滞し、軍艦の建造は停止の危機に直面していたが、李鴻章は軍艦の国内建造を続け、沿岸防衛に適したモニター艦を国産化して使うことを決めた[178]。

1873年になると、ドイツ海軍出身のシェリハ（Victor E. K. R. Von Scheliha, 中国名は希里哈）が1868年に著わした『防海新論』という最新の海岸防衛戦略を記した書物が、中国語に翻訳された。この書物の出現によって、李の海防戦略に新機軸が生ずることとなった。この経過について述べてみたい。

シェリハは、南北戦争中、4年間南軍側で海戦に参加した経験をもつ。これを基に、南北両側の軍人が書いた戦況の報告文書を用いながら、北軍の新式甲鉄艦隊の沿岸要塞や砲台への攻撃に南軍がどのように対応し、失敗或いは成功したかを示し、その原因を分析したのが、『防海新論』である。

シェリハは、海岸防衛の目的は、敵兵を上陸させないことであるとした。また、敵艦を沿岸近くの海面で留まらせ、海から近い武器倉庫や建築物を攻撃から守ること、さらに海港や川から敵艦が内陸地へ侵入するのを阻止し、沿岸要衝の軍港を守り、自国の艦隊の経路を確保して戦闘への参加を可能にすることが重要であるとも指摘した。

次に、シェリハは、南軍側は、南北戦争の初期、長い海岸沿いの至る所に砲台を建設し、これをもって沿岸防衛は万全であると安心していたという事実に注目している。北軍は、陸海軍を同時に使い、主要な要塞砲台に集中攻撃を加えて陥落させた。これにより、旧式沿岸砲台や防衛施設が甲鉄艦と榴弾砲の攻撃に耐えられないことが明らかになり、さらに南軍の兵力の配置などにも誤りがあったことが示された。対するに、南側の軍人たちは、敵艦隊が通過する水路に障碍物を配置し、或いは水上浮き砲台・水雷などを使って、北軍の通路を閉鎖しようとした。シェリハは、これらの実践済みの防衛方法を総括し、固定法と移動法という二つの沿岸防衛方法を含めた総合的な海岸防衛の構想を提示した[179]。

固定防御法とは、海岸砲台、水上甲鉄浮き砲台、及び各種の水路の障害物や水雷を配置して総合利用する方法をいう。固定防御法を実施するには、海岸に新式艦砲の攻撃に耐えられる頑丈な堡塁を建築し、砲台には甲鉄艦の装甲を打

ち破れる威力のある大砲を設置する。水路の閉鎖に使う障碍物は，なるべく砲台砲の射程内に配置し，侵入する敵艦隊を砲台砲の砲弾が届く距離内に長く停滞させる[180]。

移動防衛法とは，陸・海軍が移動して戦闘に参加することをいう。大規模の陸・海精鋭部隊があれば，敵軍が沿岸地で上陸し，内地へ入ることを阻止できる。また，敵軍が上陸して堡塁を作り，戦闘を続けることも防止できる[181]。これは陸海軍を沿岸防衛に協力させる方法である。

次に，移動防衛に関して，軍艦を多く保有するためにコストはかかるが，沿岸防衛においては最善であると考えられる策と，主として陸軍に依存する次善の対策を挙げた。海軍だけに頼る場合，自国の艦隊を派遣し，敵国の各海港を封鎖するのが上策だとしたが，この防衛策の実行には膨大な経費が掛かるため，次善の策を提示したのである。

具体的には，この次善策は以下のようなものであった。主要な海港には，蒸気機関を使って移動できる丈夫な装甲浮き砲台を配置する。陸では，内地と結ばれた鉄道や電信網を敷設して，各地との連絡を潤滑にする。また，沿岸にある造船所，兵器工廠など軍需品の集積地点を堡塁で守るほか，内地の各鉄道の交差点から近い地域に大部隊を駐屯させ，開戦の情報が入り次第，迅速に軍隊を派遣する。或いは，事前に情報が伝えられた場合には，敵兵より先に軍隊を戦地に運び，迎撃できるよう準備する。電信を使えば，情報の伝達は速いため，先に派遣された兵力が足りなかった場合にも，追加派遣が迅速に行いうる。このように，次善の海防策は，主に陸軍部隊の活用から成るものであった[182]。

南北戦争中，南軍は少ない兵力を沿岸沿いの各地の防衛地に分散させてしまい，北軍側が陸上から大規模で一箇所の要衝へ集中攻撃を行った際，南軍側には鉄道があって軍隊の派遣に有利であったにもかかわらず，これを有効に利用できなかったことの教訓を生かした構想であった。南軍側は兵力の集中に時間がかかり，派遣された小部隊は北軍の大勢の兵力に圧倒され，沿岸砲台を支援する役割を果たせなかった。南軍は一連の要塞防衛戦において，同じ失敗を犯して沿岸の要衝を失ったのである[183]。

李鴻章は，シェリハの海岸防衛戦略を，自分の新しい海防戦略に応用しよう

とした。1874年末から半年にわたった海防議論の間に，李は「籌議海防折」という海防軍備の対策を述べた上奏文を提出している。『防海新論』の内容はここに反映されている。李は，1840年の第一次アヘン戦争の際，艦が長江に入り，国全体を揺るがす大きな衝撃となったことに注目している。また，第二次アヘン戦争の際，敵艦が天津に至り，首都ののどもとが脅かされたという事実も重視した。過去に起きた二回ほどの海防戦において，まさに南北戦争における南軍のように，清国は長い海岸線の至るところに砲台を建設し，防衛軍を分散させるという失敗を犯した。南軍と同様，兵力の集中に時間を要し，海岸沿いに自由に移動して集中攻撃を行う敵軍に対応できず，結局敗北したのであった。李は，これらの経験に照らせば，海岸沿いの数個所の要衝を中心にして沿岸防衛体制を構築するのが適切であると主張した。同時に，既述の，海岸要所における，陸上砲台の火力と水上砲台の火力を合わせて敵艦隊の侵攻を阻止する固定防御法と，陸軍・海軍の精鋭部隊による遊撃戦を実行して敵軍の上陸を阻止するという移動防衛対策[184]の二つの防衛対策を提案した。

　李鴻章の沿岸防衛戦略は，『防海新論』に提示された海岸防衛戦略と同様，固定と移動との二つの戦略を提示している。ただし，固定防御法の内容には若干の違いがあった。李は，『防海新論』の固定防御法にあった水上甲鉄浮き砲台を，巨砲艦，すなわちモニター艦であると理解し，各海岸要所にはモニター艦をそれぞれ1，2隻配置するとした[185]。

　また，値段が10万テール程度の比較的安いイギリスの最新鋭の巨砲艦を輸入し，海岸砲台から近い海上に配置すれば，侵入してくる敵艦に対して，砲台の火力と巨砲艦の火力を同時に使って攻撃を加えることが可能になり，敵軍の進む水路を遮断し，敵の艦隊を撃退することもできると指摘してもいる[186]。

　ここに登場する巨砲船とは，設置された砲が大きい割に，船体が小さいため，海岸近くの浅い海域でしか活動ができない艦船である。そのため，海外から運ぶ際には，砲と船体とに分ける必要がある。一方で，巨砲をひとつ購入し，それをもとにこれを国内の兵器工場で製造する体制を築くことができれば，いまだに国産化の叶わない船体のみを購入して済ませるようにすることも可能である。李鴻章は，こうした考えに基づいて，この軍艦についての詳しい情報を入

手するために調査員を派遣する計画を立てた。実際にこの巨砲艦が安価で運びやすいものならば，20 隻を購入し，南北の各海岸要所に水上砲台として設置し，海岸要所を中心に水陸共同防御を実施しようというのである[187]。さらに，巨砲の国産が技術的に不可能であり，国産化のための費用が輸入の場合よりも大きくなるときには，外注するのが得策であるとも建議していた[188]。

　さらに，固定防衛には，機雷は欠かせない重要な兵器である。機雷には水中に設置する固定式のものと，水面に浮かべた上で，軍艦の間や軍艦の先に設置して，敵艦を攻撃する移動式のものがあった。いずれも，南北戦争や普仏戦争の後，海防に必要不可欠な兵器となった。1870 年代初めには，天津機器局と江南製造局では粗末な機雷が生産できたが，モーター，銅線，鉄の縄，ゴムなどは外国から輸入する必要があった。李は，外国から技術者を雇い，機雷の生産と使用方法を伝授してもらい，甲鉄艦に対抗できる安価な機雷や，その製造機械を購入して国産化を実現することも提案した[189]。

　李は，国家安全を脅かす主な勢力は，従来とは異なり，陸からではなく海からやって来るため[190]，従来の国防戦略を根底から見直し，当時の新しい国際情勢に合った海防対策を採らなければいけないと考えていた。李はまた，既述の通り，『防海新論』を読んだ後には，沿岸で戦う陸軍精鋭部隊が必要であるのみならず，強い水師を組織しなければならないとも認識するようになった。しかし，列強の殆んどが海に慣れており，船砲の技術も優れているのに対し，中国の海軍が短期間で列強の海軍と肩を並べるようになることは不可能である。そこで李は，国内反乱を鎮圧するために新しく組織された勇営と，西洋式訓練を施した正規軍の練度をさらに高めて，西洋列強の軍隊の強みである洋銃砲を増やすことで，海岸沿いで敵の上陸軍を阻止することができるようになると考えた。また砲台の分布配置がよければ，敵艦隊の侵入を阻止することができると想定した[191]。

　具体的には，李は，沿海・沿江各省の陸軍を一律に洋銃砲隊として組織し，沿海の防営の軍隊に後装銃を配分し，海港要地に配置するという計画をたてた。大部隊は，普段は訓練させると同時に堡塁の建設に当たらせ，有事の際には，ほかの開港地に分散させないようにした。また，頑丈な洋式コンクリート（砂

第 2 章　清国の海防戦略の転換と実行（1875～1880）

土）砲台を建設し，8インチから10インチ（20センチから25センチ）の口径の砲を配置し，選抜された将兵の射撃の技術を磨き，砲弾の命中率の向上をはかれば，沿海防備の役割は十分に発揮できると見込んだ[192]。

　さらに，1874年に起きた日本の台湾出兵の際，李鴻章と沈葆楨がお互いに連絡を取って対応策を決めるのに 1 ヶ月を要し，軍隊派遣が決まって兵員と軍事用品を載せた船が派遣されるまでにさらに 3 ヶ月の時間がかかったことに言及し，西洋諸国ではすでに電信線が海岸の各地にまで敷設され，瞬時に情報が伝えられていると指摘した。また，軍隊が内地の鉄道駅の近傍に駐屯していれば，指令を受けた後に迅速に動くことができる。李は，電信や鉄道の整備はすぐに行うことはできないとは認めたが，軍隊の西洋化には欠かせないものであり，今後は用兵の方法を変えるべきであるとも提案した[193]。

　このように李鴻章は，当時の清国には外洋で戦闘に参加できる軍艦が極めて少なく，海軍の整備もほとんど行なわれていないという実情を踏まえて，『防海新論』の提示した海防対策，すなわち，国のすべての軍艦を敵国の海港へ派遣して，敵国の艦船の出航を阻止するという，コストのかかる海防策をとることはあきらめた[194]。代わって採用されたのは，有事の際に，陸軍の精鋭部隊を集めて海岸のいくつかの要所を重点的に守るという，次善の防衛策であった[195]。また同時に，移動防衛戦略の一部として，艦隊の建設も計画された。

　艦隊の建設については，李鴻章は，陸軍と海軍が協力して戦う海防計画を実現するために，丁日昌が提示した北・東・南の三洋に，合計48隻の艦船を配置する案に賛同した。また，海上で機動戦に参加できる甲鉄艦を三洋で最低限それぞれ 2 隻配置し，有事の際には 6 隻の艦船が連携して海上に集結するという構想を得た。これらにほかの軍艦が協力すれば，威力の大きい海上戦闘部隊ができるとした[196]。ここで提示した移動防衛法には，全海軍が使う軍艦の数と各艦隊が必ず必要とする装甲艦の数が具体的に示された。同時に，実際に海上で戦闘に参加する艦隊の規模も明確に提示した。

　艦隊創設には軍艦が必要であるが，当時の清国では，海軍が近海で海上防衛に当たるのに使う甲鉄艦は生産できず，高価な艦船を海外から購入する必要があった。この点については，李は，次のように説明している。清国政府の経費

が不足している当時の財政状況をみると，1隻あたり100万テール程度を要する甲鉄艦の購入は負担が大きい。従って，甲鉄艦の購入は数年に分けて行い，余裕があればほかの軍艦を購入するか，或いは福州船政局や江南製造局で建造する。軍艦の総数は48隻を限度とする[197]。

また，甲鉄艦などの新兵器を購入する費用を新しい財源によって確保すると同時に，艦船が輸入された後，これらの艦船の修理や海軍の訓練などには，丁日昌が提案したように，江蘇・山東・広東省などの沿海地域で使われていた旧い船舶の削減によって節約された資金を当てるとした。このように，李は，艦船の整備から艦隊の設立に至るまでの，順序だった実行可能な計画を立てていた[198]。こうして，甲鉄艦の購入が海軍軍備の議論の焦点となった。

1870年，北洋の海防を担当した当初は，李は，陸軍があれば海防にも対応できるという考えを持っていたが，1874年に『防海新論』が翻訳されると，それに提示された海岸要所を中心に陸海軍が協力して戦う二つの海岸防衛対策が，清国の実情にあった沿岸防衛戦略であると考えるようになった。

次に，これらの新しい海防戦略がどのように実現されたのかを検討する。

第4節　李鴻章の海防戦略の実行

海防の新しい事態に対応するための陸・海軍隊の整備を行うには，新しい戦術の検討と，それに適した兵器装備の用意が重要である。

1874年の末に行われた海防討論を経て，1875年5月30日に総理衙門が各督撫大臣らの意見を参考に海防軍備における実行項目としてまとめた上奏文の「兵器」と「造船」の項目では，以下のような主張がなされている。

> まず水師（海軍）を急いで建設するため，使用する銃砲・水砲台・水雷などを外国から購入して軍隊を整備する。その後に各大臣は兵器工場でこれらの兵器装備を生産させて実用に役立てる。機器製造局の増設と，諸外国へ人員を派遣して製造技術を研修させることも防衛に欠かせない大事なことであるため，各大臣が随時に行うべきである。各省の，新たに訓練さ

第 2 章　清国の海防戦略の転換と実行（1875〜1880）

れた陸軍の兵器は，次第に洋銃砲に変える。軍隊が使う洋式銃砲を，各省の督撫大臣は海防大臣たちと相談の上それぞれ購入し，訓練を確実に行って，兵士の技術を高め，新兵器の威力が完全に発揮されるようにする。沿岸砲台の建設は，各省の督撫大臣が海防大臣たちと協力して行う。海防には軍艦が必要であるため，各造船所でどのように建造するかを各海防大臣が真摯に計画して実行すべきである。甲鉄艦については，値段が高いため，まず外国で調査を行い，実際に必要であるかどうかを確認する。その後に1，2隻を購入し，使ってみて役に立ちそうであれば，続けて購入し，国内で生産して使う。そうすれば，経費を無駄にせず，国防軍隊の兵器装備はすべて実用できる[199]。

ここでは海防に必要な陸・海軍の整備に関する具体的な方針が定められている。

1875年に北洋海防大臣として任命された李鴻章は，総理衙門が決めたこれらの内容を，自分の海防戦略と融合させて海防建設を具体的に行った。この節では，李が新しい海防建設戦略の実行にあたって挙げた初期の成果と直面した難題について概観する。

1　陸軍の建設

既述の通り，李は，海軍が創設されていない間は，海防に関する陸海軍の共同作戦は不可能であると考えた。そのため，当面は，有事の際，陸軍の主要部隊を機動兵力として海岸要所に集結させ，海岸砲台を守る駐防軍と力を合わせて防衛戦に参加させるという陸上防衛を計画した。1875年にこの計画は実行されることになった。

新防衛戦略に適した陸軍の兵器の買い換えと編制の改革は，李の直轄下にあって，当時海防の主力となっていた淮軍において始められた。

まず淮軍の火砲の買い換えの状況を見ることにする。第1章で触れた通り，淮軍は1862年2月に組織された。その後，1863年の初めに，張遇春の新兵営の中に200人の洋砲隊が設置された。1865年には6つの榴弾砲営が設けられ，

各営の劈山砲[200]が破棄された。淮軍が使ったのは約 12 ポンドの軽砲であった[201]。

1860 年代から 1870 年代にかけて，清国は主にイギリス人税務司ハートの仲介により，イギリスから銃砲および艦船などの軍事物資を輸入していた。また同時に，ドイツの商人を介してドイツ産の兵器も購入していた。

1870 年に起きた普仏戦争では，クルップ製鋼鉄野戦砲と鉄道輸送を巧みに活用したプロイセン軍は，ドイツ国境に侵攻したフランス軍を潰走させた。パリ陥落の 10 日前に，プロイセン王ヴィルヘルム 1 世は，征服したフランスのヴェルサイユ宮殿で盛大な戴冠式を行い，ドイツ皇帝に即位した[202]。

普仏戦争でこうした劇的な勝利をプロイセンが収め，ドイツが統一国家として誕生したことで，クルップ社が生産した大砲も世界にその名を知られ，各国から注文を受けるようになる[203]。1866 年から国防を強化するための兵器装備を用意する段階にあった清国もこの契機を見逃すことなく，早速ドイツ産の兵器の購入に取り掛かった。1870 年には，クルップ社は初めて人員を清国に派遣し，山東省登栄海軍に対して，自社が生産した火砲の操作を指導した。

李鴻章を初めとする清国の官僚たちは，普仏戦争でドイツ側が陸軍の優勢で勝利を勝ち取ったことには，クルップ産鋼砲の役割は大きかったと認識した[204]。李は，1870 年に北洋の通商大臣に任命された時から，北洋の海防を任されており，1874 年までには海防軍備に関する経験を積んでいた。1874 年，李は，海防討論のさなかに，陸軍の移動防衛用の 4 ポンドの後装式鋼製野砲 50 門をドイツに，ガトリング砲 50 門をアメリカに，それぞれ注文していた[205]。1875 年に北洋の海防大臣になると，実際に海防に使われる武器の輸入を担当した。海防には火砲が重要であることをよく理解していた李は，当時一番名声が高かったドイツのクルップ社が生産した最新の重火器を輸入することを決めた。

具体的には，1875 年以降，イギリスのアームストロング社産のものを国産化して使ったほか，陸海軍用砲の殆んどをドイツのクルップ社から購入した。淮軍と湘軍もクルップ産の後装式野砲と沿岸砲を購入して使用した。クルップ産砲の威力を発揮させるために，1876 年からは，清国は，ドイツから軍事顧問を雇って，ドイツから輸入した銃砲を使った軍事教練を行うようになった[206]。

淮軍は1877年までに4ポンドの新式クルップの後装式鋼砲を114門購入し，ドイツに倣って，軍隊に19の砲兵営を設立した。この砲兵営は，独立して作戦任務に当たることができ，歩兵にも協力することができる新兵種となった[207]。

李の軍隊の洋式の銃・砲隊への転身は以上のようなものであった。しかし，その後，1895年までに海防に参加する陸軍の西洋化は進まず，陸軍の各兵科間の共同作戦をスムーズに行うための組織編制や指揮統率の効率化も図られることはなかった。また，募兵制を主とした兵役制度も改革されることはなかった。その一方で，クルップ砲は，新疆の主権回復戦争や日本軍の台湾出兵などの際に，その存在感を示すようになった。

次に銃の買い換えられた状況を見よう。淮軍は，1862年9月に，歩兵の銃を西洋の前装式に切り換え始めた。6年後の1868年8月，淮軍はすべての歩兵部隊において前装式洋銃への切り替えを完了していた。

1875年以降，銃の輸入においては，淮軍は前装式の銃を次第に廃棄し，主に当時各国で最新のものとして使われていたレミントン（Remington[208]），スナイドル（Snider，中国語では士乃得），マルティニ・ヘンリー（Martini-Henry rifle[209]）歩兵銃などの後装式銃に切り替えた。それらの発射能力は，一分間に6～7発，有効射程は300メートルであった[210]。

このように1875年から1880年の間に，陸軍の遊撃部隊と海岸用砲のほとんどはドイツのクルップ社から購入されるようになった。淮軍と防営の小銃は各国から輸入され，制式と性能は一致していないが，一応は前装式から後装式への転換が行われた。

2　海軍の建設

1875年の半ばに海防討論が終わると，李鴻章は，イリ地域の領土回復を目指した軍事行動によって国家財政上の困難が日に日に増している現状を踏まえて，経費を効率的に使うために，実行する政策の優先順位を決め，自分の防衛戦略の全面的な実現に向けて，当面実行できる海軍建設のための諸準備から着手しはじめた。

海軍を建設するには軍艦が必要であるが，李鴻章の海防戦略においては，具

体的にはモニター艦と甲鉄艦が不可欠である[211]。李は，まず，前述のハートの勧めで，海岸防衛に適した，水上砲台とも言われるモニター艦をイギリスの造船所に製造させる交渉を始めた[212]。その結果，甲鉄艦の半分の値段で購入できるだけでなく，その砲と船体を分けて運ぶこともできるモニター艦を，1876年の初めに，4隻イギリスへ発注した。4隻のモニター艦の内，26.5トンの艦砲（価格は2万3千ポンド）を載せた2隻が，年内に清国に届く予定となった。38トンの艦砲を載せた2隻の砲艦は，1877年4月に届くことになった。この種のモニター艦の船体に使う鉄板を国内産の鉄で造ると，質が保証できないだけでなく，コストも高くなる。李はこれらの艦船をさらに連続して購入することを決めた[213]。

結果的には，1875年から1880年までの間に，李は，海港に配置するための巨砲を備えた小型鉄艦（価格は甲鉄艦の半分である），竜驤，虎威，飛霆，掣電，鎮北，鎮南，鎮東，鎮西，鎮中，鎮辺，海鏡清などを，イギリスから購入した[214]。モニター艦の購入は比較的順調に進められたといえる。これに対して，後述の通り，甲鉄艦の購入は難航した。

次に甲鉄艦の購入について見よう。当時，甲鉄艦が各国の海軍艦隊の主力となり，海戦でますます主役を演ずるようになっていた。新式海軍艦隊の建設は装甲軍艦なしでは成り立たない。1875年12月，清国政府は最初の西洋式の海軍艦隊の規模を「甲鉄艦2隻，揚武級の軍艦6隻，鎮海級の軍艦10隻」[215]と決めた。

海軍艦隊建設のために最初に解決すべき課題である，甲鉄艦の購入は，北洋艦隊の創設を任せられた李鴻章が解決すべき難問であった。李が甲鉄艦購入の最初の交渉を確実に成立させるまでには，少なくとも5年間が費やされた。

以下では甲鉄艦の購入が実現されていく過程を見ることとする。

(1) 甲鉄艦輸入における障碍

1875年から1880年にかけて，海軍の建設においてモニター艦や水雷製造機械などの購入は順調であったが，甲鉄艦の装備の実現を阻むさまざまな障碍が存在し，それらが次第に取り除かれていくのに時間が掛かり，甲鉄艦の購入は

第 2 章　清国の海防戦略の転換と実行（1875〜1880）

遅延した。原因としては以下の四つが挙げられる。

A　甲鉄艦に関する清国政府と李鴻章の認識の不一致

　第一次海防討論の際，甲鉄艦購入の必要性に関して，李鴻章と総理衙門やほかの大臣官僚たちとの間には認識の相違が生じていた。

　李鴻章が考案した「固定防衛方法」と「移動防衛方法」との二つの海防方法を実現するには，外洋で海軍が使う甲鉄艦と水上で砲台を守るモニター艦の両者が必要である。第一次海防討論が始まった当初，清国政府は，日本の軍事行動を阻止することを目指し，李鴻章に対し，早急に甲鉄艦を購入し，海軍を建設するように催促していた。しかし，海防討論の前後で，甲鉄艦についての認識に変化が生じていた。

　半年ほど続いた海防討論の後には，既述の通り，清国政府は，まず北洋で海軍を創設し，それを次第に拡充し，最終的には三洋に分けて配置するという海軍建設の方針を固めていた。また，2隻の装甲艦が北洋艦隊に編入されることも決まっていた。にもかかわらず，清国政府は，一部の大臣たちが主張する，海防にどの程度役に立つかまだ十分に分からないまま，値段の高い甲鉄艦を購入するのは経費の無駄使いであるとする反対意見を受け入れた。

　清国政府が一時慌てて甲鉄艦を買おうとしたのは，鉄船を使って侵入した日本軍に対抗するためであって，西洋列強の侵入は想定していなかった。列強を敵国として想定するならば，甲鉄艦を買い揃えて海防が万全になっても十分であるわけではない。清国政府の内部には，臨機応変が必要であり，甲鉄艦だけに頼るのは得策ではないという見解が生じていた[216]。また甲鉄艦も無敵の兵器ではなく，海岸沿いに水雷を敷設すれば甲鉄艦を撃沈できるという新しい情報が伝わっていたため，甲鉄艦から成る艦隊を建設するという方針には動揺が生ずることとなった[217]。

　このように，第一次海防討論の後，清国政府の内部では，甲鉄艦の役割や，それを主力とする艦隊の意味についての見解が大きく変化していた。最終的には，甲鉄艦をまず1，2隻購入し，役立ちそうであればさらに継続して購入するが，数隻を上限とするという方針が打ち出された[218]。

　清国政府のこの決定は，陸海軍を同時に使い，日本だけではなく，西洋列強

第 4 節　李鴻章の海防戦略の実行

の侵入に対しても全海岸線を守ることを想定していた李鴻章の海防建設計画に，齟齬を生じさせることとなった。

　李鴻章の海軍建設の計画は，明らかに 1，2 隻の主力甲鉄艦のみの獲得で実現できるものではない。清国政府の決定は海防政策の実行を担う李鴻章にとって受け入れがたいものであった。しかし，李は，北洋海防大臣に任命された後，清国政府の決定に従い，海防に不可欠である艦隊を創設する機会をさぐり，経費を確保するために努力を重ねるようになる。1876 年から 1877 年にかけて，巡洋艦を購入するための調査が行われていたが，いずれも清国の海域に適しなかったため，購入は実現しなかった[219]。1879 年に至ってようやく，日本の琉球合併とロシアの東進を契機に，李の艦隊の建設が本格的に始まることとなる。

　1880 年 4 月の時点で，日本が既に 3 隻の甲鉄艦を保有していたことは，清国においてもよく知られていた[220]。しかしロシアの全艦隊についてはまだ詳しい情報が得られていなかった。7 月に，イリ回復の交渉で清・ロの間に緊迫状態が続いていたため，ロシア側も交渉を有利に運ぶために何隻もの軍艦を清国の沿海地域に派遣していた。その中には装甲の厚い 2 隻の大型甲鉄艦があった[221]。

　海上で戦える海軍艦隊がないために不安に陥った李鴻章に，フランス海軍出身の監督ジケルが，甲鉄艦をはじめ，艦隊に必要な艦船を用意することを献言している。ジケルは，甲鉄艦には甲鉄艦で，巡洋艦には巡洋艦で対抗できるため，近隣の国が皆持っている甲鉄艦を必ず購入するべきであると説いた。李鴻章はまた，イギリスが甲鉄艦を売ることに非常に慎重であることも観察していた。こうした見解をもとに，李鴻章は，甲鉄艦が海軍にとって重要な装備であることは間違いないという認識を清国政府に伝えた。そのうえで，甲鉄艦を購入するための海防経費を十分に支給するように説得し，許可をえた[222]。

　こうして，1880 年から甲鉄艦などを外注することは本格的に実行に移された。しかしこれは，北洋艦隊の計画が決定されて 5 年も後のことであった。

B　西洋の艦船に関する情報の不足

　艦船を外国に製造させるにも，既製品の艦船を購入するにも，その艦船の生産情況や実用性についての事前調査が必要であるため，時間が必要であった。

第 2 章　清国の海防戦略の転換と実行（1875～1880）

　清国政府の甲鉄艦外注の動きは，1874 年の日本の台湾出兵を契機にはじまっていた。1874 年末，清国政府の日本との講和が成立し，日本軍が台湾から引き上げるまでは，日本の軍事行動に対抗するために，甲鉄艦の外注は一時急がれ，外国からの商人や公使などから値段や性能についての情報が集められた。李鴻章は何度か甲鉄艦の購入を試みたが，信頼できる確かな情報や購入ルートを把握することはできず，購入は実現しなかった[223]。

　李鴻章が第一次海防討論の際に提出した「籌辨鉄甲兼請遣使片」という上奏文によれば，1874 年末，日本が台湾から撤兵することが決まった際，政府は日本がさらに軍事行動を起こすことを恐れ，それに抵抗するための海軍艦隊の建設に向けて，李鴻章に甲鉄艦を買うように命令していた[224]。

　この命令を受けた李鴻章は，日本とは講和が成り立ったばかりで，しばらくの間は，日本が更なる軍事行動を取ることはないと考えた。しかし，日本はいつかまた戦争を起こしかねず，平和が取り戻された今のうちに甲鉄艦とモニター艦を購入して艦隊を創設しなければいけないとも見ていた。この段階でも，西洋の甲鉄艦の価格や製造情況，及び清国の新しい海軍艦隊に必要な型式はどのようなものであるのかなど，様々な情報を正確に把握する必要があった。

　李は，甲鉄艦の購入には，ある程度西洋の事情に詳しく，軍事知識のある人員を派遣して，現地で調査を行わせる必要があると考えた。このために，まず，これまでのように外国の使節だけが清国に留まって外交問題に参加する事態を変え，清国からも外国に公使を派遣し，外国との間に起こる政治や経済，貿易の面で起こりうるすべての懸案に対処する体制を整えるべきであるとの献言を清国政府に行った[225]。当時，清国政府は，諸外国に公使を派遣する体制を整えていなかった。

　このような状況で，李鴻章は外国の商人や公使らの話だけをたよりに，大金が掛かる甲鉄艦の購入を短期間で決めると，旧式のものを買ったり，清国の海域に使えないものを購入したりして経費を無駄にする恐れがあると判断し，1876 年までに再度の甲鉄艦の購入交渉に踏み切れないでいた[226]。

　こうして，第一次海防討論の後，清国政府から欧米各国へ公使を派遣することとなり，新しい人員が各国へ赴き，外交関係を結びながら現地調査を行ない，

甲鉄艦の購入対象を決めるまでには，さらに 2, 3 年が費やされることとなった。

C　資金調達の困難

既述の通り，第一次海防討論の結果，北洋で海軍を先に創設し，それをいくつかの艦隊に分けて海上防衛に当たらせる計画が立てられていたが，実際には，甲鉄艦を買う資金は，決定ののち 3 年経っても集められなかった。

本来ならば，各省の厘金や関税からまかなうはずの海防経費は，新疆の回復に当たる陝甘総督左宗棠の軍費や外国からの借金返済などに流用されていた[227]。政府は，計画通りに北洋に毎年 400 万テールを海防経費として支給することはできず，実際には 3 年間で 200 万テールの支給がなされたのみであった[228]。即ち，名目からしても毎年わずか数十万テールであり，現実には，毎年 30～40 万テールにとどまった[229]。3 年間の経費をすべてつぎ込んでも，甲鉄艦 1 隻を買うのにようやく届く程度である。このように，提供されたわずかな経費で海防の建設に関してできることは限られていた。

第一次海防討論の時期，李鴻章自身も，もともと経費が不足している状態が長く続いていたことから，大量の経費の無駄使いを恐れて，甲鉄艦の購入には甚だ慎重であった。第一回海防討論からようやく 3 年を経た 1877 年になると，李鴻章のもとに，欧米へ派遣された公使などから，西洋の艦船の情報が入るようになった[230]。

ちょうどこの頃，丁日昌は，ロシアが露土戦争（1877～1878）への対応に追われ，日本では西南戦争（1877）が起こっている状況を見て，周辺の国々に当面清国への軍事行動を起こす余裕がないこの比較的安全な時期に，急いで艦隊建設を実現しなければならないと総理衙門に告げた[231]。ここに至って李鴻章は軍艦購入に乗り出した。彼は，最初の海軍艦隊の建設を確実なものにするため，海防軍備の経費を絶対に保障することを政府に要求した。しかし，李鴻章が軍艦購入の経費の確保に懸命の努力を払っていたにも関わらず，海防軍備経費の流用は相変わらず続いた。沿海各省から提供すべき関税収入を軍費として集めることもできず，1877 年以降経費は毎年減り続けた[232]。

1879 年，イギリスから「超勇」，「揚威」という 2 隻の快船兼砲船（すなわち

衝角艦である）及び甲鉄艦や水雷などを輸入することが決まると，李鴻章は再度上奏し，政府に，必ず沿海各省の関税を集めて十分な経費を用意するように催促した。

軍艦を購入する経費がやっと集められる目途がたったこの頃に，軍艦売買に係わっていたイギリス側の責任者が変わった。当時清国とロシアの辺境問題は未解決であり，清・ロの間で戦争が生ずる可能性が高まっていたため，イギリス側はロシアとの関係や国際法などを配慮し，清国へ輸出する予定だった2隻の甲鉄艦の契約を破棄した[233]。そのため，甲鉄艦購入の最初の試みは不発に終わり，既述の通り，計画されて後5年もたってからようやく，清国の最初の海軍艦隊の建設が開始されることとなった。

D　難航する海軍基地の位置の問題

甲鉄艦購入の試みとしては，1877年にトルコから購入する計画があったが，様式がやや古くなっていた割に値段が高く，清国にはまだ操縦できる船員もおらず，甲鉄艦を修理できる造船所も存在しない時期だったため，中止された[234]。

艦船購入に加えて，新しい艦隊の軍艦が停泊できる海軍基地の建設も必要であった。李鴻章は，戦略的な海岸要所を選ぶために多様な考慮を行った。1877年から1880年の間，南洋海防大臣の沈葆楨らと連絡を取り合い，甲鉄艦が収められる軍港の位置について検討し，最初の艦隊を南洋に配置することを重点的に考慮した。しかし，1879年から北洋での国際関係は緊迫した状態に入り，また南洋で海軍基地を建設することを支持していた南洋海防大臣の沈葆楨が死去したため，新しい艦隊基地は北洋の旅順に決められた。旅順海軍基地の建設がはじまったのは，1880年に入ってからのことであった[235]。

1880年になると，甲鉄艦購入のために，清国政府に派遣されて，徐建寅と李鳳苞がヨーロッパへ赴き，イギリスやドイツで，海軍や造船について調査を行ない，ドイツから軍艦を2隻買うことを決めた。1881年に正式な製造契約を結ばれると，清国政府は，劉歩蟾・魏瀚などの海軍に詳しい人員を派遣して製造を監督させ，1884年に軍艦が清国側に渡されることが決まった[236]。しかしながら，清仏戦争（1884～1885）が勃発したため，ドイツは中立国として国際法を守り，完成した軍艦を清国に渡さなかった。1885年に清仏間の講和が

成立すると，ドイツは 2 隻の甲鉄艦を清国に渡した。

　海上での艦隊決戦に参加できる「定遠」「鎮遠」の 2 隻の甲鉄艦と，巡洋艦の「済遠」が，ドイツから到着した後，北洋艦隊の建設が軌道に乗り始める。

　以上の通り，清国の装甲艦の購入が本格的にはじまるまでに 5 年近くの時間がかかり，艦隊の建設がはじまるまでに計画決定時（1875 年）からおよそ 10 年を要した背景には，様々な事情があった。大局的に見れば，李鴻章の海防戦略に問題があったというよりは，清国政府に彼の構想を実現するだけの用意がなく，多方面に問題を抱えていたことが障害となった。

(2) 甲鉄艦の国内生産の試み

　1875 年 5 月，海防討論を通して清国の新しい海軍艦隊の創設は決まったが，その規模と編制が決まっておらず，どのような種類の甲鉄艦が必要かも決められていなかった。甲鉄艦についてはまずそれを購入し，使ってみた後，役に立つようであった場合，国産化することが決まっていた。1875 年半ば頃，海防討論の後に，ジケルは設計図を見せて 2 隻の回転式砲台付き新式の甲鉄艦の建造を勧めたが，李鴻章は，建造費が高いという理由で，これを許可しなかった[237]。1875 年末，最初の新式海軍艦隊の規模が決定し，2 隻の甲鉄艦が必要となり，1876 年から甲鉄艦を入手する活動がはじまった[238]。

　値段が高い甲鉄艦の入手に関して輸入に頼り続けることは，資金の面からも有事の対応の面からも不利である。従って李は，当面は甲鉄艦を購入して使った後国産化して海軍を整備するという政府の方針を修正することとした。実際，海上で必要とされるのは甲鉄艦であり，艦隊を組織するには十数隻ほども必要である。また外国から購入できる隻数は，既述の通り政府によって制限されていた。そこで，李は，国内の造船技術を高め，国内産の軍艦で購入分の不足を補うこととした[239]。

　江南製造局では，1876 年に小型の甲鉄艦の「金甌」が建造されていた。しかし，江南製造局の造船所は，軍艦建造に必要な石炭と材料のほとんどを輸入に頼っていたために生産費が高く，また，「機械が揃わない，技術者もいない」[240]などの事情もあった。さらに，ジケルは，「国内の鉄の生産が豊富になった時

第 2 章　清国の海防戦略の転換と実行（1875～1880）

に甲鉄艦の建造を始めたほうがよい」[241]と進言していた。このため，1884年までには甲鉄艦の建造は中止され，小型軍艦の建造のみが続けられた[242]。1884年から1885年の間に清仏戦争が起こり，福州船政局の造船所が損害を受けたため，江南製造局は戦時の需要を満たすため鉄鋼艦の建造を始めた。しかし戦後，建造費が高いために再びこれは中止された。

　1874年には，福州船政局は，「生産した軍艦は役に立たず，経費の無駄使い」[243]であるとの批判を受け，製造が停止させられる状況にあった。しかし，本来，西洋の軍艦建造技術を学ぶことが造船所創設の主目的であり，数年をかけて育て上げた技術者たちの技術をさらに磨けば甲鉄艦を建造できる技術水準に達することは可能だと判断されたために，軍艦の建造は継続された[244]。

　1874年には，外国人技術者が，契約通り造船技術の教授に関する任務を果たして帰国した。1875年6月からは，中国人の呉徳章・羅臻録らの技術者たちが，自身が引いた船体やエンジンの設計図をもとに木造軍艦の製造を開始し，1876年にはこれを完成させた[245]。この軍艦は排水量が245トン，200馬力，時速は9海里の小型艦であった。同じく1876年には，排水量が1,258トン，580馬力，時速は10海里の木造軍艦，「登瀛州」，「泰安」の2隻が完成した。

　1875年1月，船政大臣の沈葆楨は艦船建造に使われる木材が確保できない状況を打開するために，西洋から艦体の建造に使う鉄材の製造技術を導入することを決めた。また，これまでに建造された艦船には旧式の蒸気機関が設置されていたため，石炭の消費量が多く，効率が悪かったが，この問題を改善するために，西洋から新式の蒸気機関が輸入されることとなった。これにより，石炭が節約できるだけでなく，機械が水面より低く設置できるために，砲撃を避けることができる。新式の縦式蒸気機関を輸入して商船に使えば，効率がよく，船内で占める場所が狭くなり，貨物を置くスペースが広くなるなどの利点があるため，それを輸入して使うことも決められた。このためにフランス人の技術者であるジケルが，フランス，イギリスへ派遣された。フランスで鉄材を製造させ，イギリスでは新式の蒸気機関を製造させ，さらに鉄材や新式横・縦蒸気機関[246]の製造ができる外国人技師をも派遣させて，中国人技術者に1年間製造法を教授させることとなった[247]。

第4節　李鴻章の海防戦略の実行

　1876年6月，ジケルが購入してきた二つの新式横・縦蒸気機関とボイラーが船政局に到着した。7月に鉄材が到着した後，すぐ船体の組み立てと新式横式蒸気機関の木製の型の製造が始まり，また，機関の製造も始まった。しかし，教える側の外国人技師にも技術が未熟の若手が多かったため，蒸気機関の製造は順調ではなかった[248]。

　こうして1850年代にすでに西洋では建造されて使われていた鉄骨軍艦が，1876年に至って清国で初めて建造されることとなった。排水量が1,268トン，750馬力，時速は12海里の「威遠」号は，フランス人技師の舒装の監督の下で建造された清国最初の鉄骨木板張り軍艦である。表3から分かるように，1877年から1880年までにこのタイプの軍艦2隻と商船1隻が中国人技術者たちによって建造された。このような艦船の生産を経験して，中国人技術者たちの造船技術は一段と向上した[249]。しかしこれまでと同じく軍艦建造費が高い割に，運輸には使えても戦艦としては使えないものばかりであった[250]。

　そこで，1876年9月，ジケルは，李鴻章に，清国の造船所が建造した軍艦に比べて石炭の消費量が少ない上に速い（14～17海里）巡洋快船と水雷艇の生産を献言した[251]。当時の清国では鉄鉱石の産出量が少なく，技術者もいなかったため，新式軍艦を国内で生産することは先送りにされた[252]。

　1879年，海軍の建設が急がれるようになると，李鴻章は，国内の造船所では甲鉄艦が建造できない現状を認め，外国へ発注することにした。1881年にはイギリスから買った衝角巡洋艦が到着した。同じくイギリスから艦隊の主力である甲鉄艦を購入したが叶わなかったため，ドイツに発注した。

　すべての軍艦を外国から購入することは経費の面で現実的ではなかった。そのため，李鴻章は以前福州船政局のジケルがフランスの地中海造船所から購入した衝角巡洋艦の図面を利用して外国で学んだ技術者たちに生産を任せた。しかし，経費の不足で建造は実現しなかった。彼はこの経緯を新しい船政大臣の黎兆棠に説明し，外注した甲鉄の主力艦が到着するのに合わせて建造が竣工するように，快速巡洋艦の生産体制を整えるよう提案した。これを受けて，船政大臣の黎兆棠はジケルと相談し，外注した甲鉄艦が到着するまでに4隻の快速巡洋艦を生産して，艦隊を組織するための準備をすることにした[253]。

1881 年，巡洋艦建造に使う経費の一部が用意できた時点で，黎兆棠は技術者たちを動員し，衝角巡洋艦の設計図を翻訳し，材料を集めて建造に取り掛かった。使う鉄製部品の 6 から 7 割を外国から輸入し，3，4 割を福州船政局の造船所で生産した。この中で，当時の福州船政局では蒸気機関の一部の部品を生産していたが，生産できない鉄製部品を輸入して使い，将来工場を拡充して，国産化することにした[254]。こうして 1883 年 1 月に，排水量が 2,200 トン，2,400 馬力，時速 15 海里で鉄骨木造の船体をもつ初めての国産の衝角巡洋艦が竣工した。この軍艦は外国の軍艦のように鉄で装甲されていないが，本造船所の原料や建造技術を生かし，木造の船体を二重にして衝撃に強くするという工夫をほどこしていた。1884 年に清仏戦争が起こり，この年に始まった 2 隻の巡洋艦の建造が遅延したが，1885 年と 1886 年には完成した。これはちょうど甲鉄艦の就役と同時期に完成したが，当初の建造計画で決めた数には達しなかった。清仏戦争を経験した後，李らは国産の軍艦が砲撃に耐えられないことに気付かされ，鋼鉄艦の建造を始めることになる。

以上で見たとおり，1876 年に清国の新しい海軍艦隊が使う軍艦の種類に変化が生じ，甲鉄艦だけでなく，巡洋艦も必要となった。そこで，巡洋艦の国産化の努力は続いた。

この表から解るように，1876 年から 1887 年までの 10 年間，福州船政局の造船所で，1876 年に 3 隻の艦船が生産されたほか，毎年 1 隻の艦船が生産された。これらの艦船は 1876 年以前生産されたものに比べて，時速が速くなっただけでなく，備砲の数も増えた。特に海軍艦隊の建設が始まった 1880 年以降生産された軍艦の船体を頑丈にしただけでなく，時速はさらに速くなり，備砲も増加し，衝角も付けられ，砲撃戦法と衝角戦法を同時に活用できる新式艦隊の整備に備えられたことが明らかである。

おわりに

以上で論じたとおり，本章では主に 1874 年の初めに日本の台湾出兵によって大きな衝撃を受けた清国政府は，1874 年 11 月から 1875 年 5 月にかけて，

表3　1876年から1885年にかけて生産された軍艦の数と性能[255]

順番	1	2	3	4	5	6	7	8	9	10	11	12
船名	芸新	登瀛州	泰安	威遠	超武	康済	澄慶	開済	横海	鏡清	寰泰	広甲
船長（尺）	188	204.4	204.4	217.1	217.1	217.1	217.1	265.8	217.1	265.8	265.8	217.1
船幅（尺）	17	33.5	33.5	31.1	31.1	31.1	31.1	36	31.1	36	36	33.7
喫水（尺）	8	13	13	13	14	13.8	14	18.3	14	18.3	17	14
出力（馬力）	50	150	500	750	750	750	750	2,400	750	2,400	2,400	1,600
機関	常式横機	常式立機	常式立機	新式横機	新式横機	新式横機	新式横機	新式横機	新式横機	新式横機	新式横機	新式横機
時速（海里）	9	10	10	12	12	12	12	15	12	15	15	14
排水量（噸）	245	1,258	1,258	1,268	1,268	1,318	1,268	2,200	1,230	2,200	2,200	1,300
備砲	3	5	10	7	5	6	6	10	7	10	11	11
種類	木造兵船	木造兵船	木造兵船	鉄骨木皮兵船	鉄骨木皮兵船	鉄骨木皮商船	鉄骨木皮兵船	鉄骨二重木皮兵船	鉄骨木皮兵船	鉄骨二重木皮兵船	鉄骨二重木皮兵船	鉄骨木皮兵船
完成年	1876	1876	1876	1877	1878	1879	1880	1883	1884	1885	1886	1887

第 2 章　清国の海防戦略の転換と実行（1875～1880）

　海上から侵入する敵から領土の安全を守るために，本格的な海防討論を行った歴史的な背景と軍備の強化における六つの主要課題について論じた。また李鴻章の海防戦略の形成過程を論じると同時に，半年ほどの討論を経て，決められた陸・海軍の共同防衛を基本とする海防の基本方針の下で，1875 年から 1880 年の間に，李鴻章が自分の新しい海防戦略を実行した初期の状況を論じた。
　この時期に，陸軍の整備は主に兵器の改善を主な目標として行われ，陸軍の銃砲は前装式から後装式への切り替えをほぼ実現した。陸軍の主力軍隊であった淮軍には新式クルップの後装式鋼砲で装備され，独立して作戦任務に当たることができ，歩兵にも協力することができるドイツ式の砲兵営が設立された。海軍の整備においては，主にほかの艦隊より整備が遅れていた北洋艦隊の創設が中心課題となった。北洋艦隊を新式艦隊にするためには甲鉄軍艦を含む主力軍艦を外国から輸入し，甲鉄軍艦に協力する巡洋艦を国内の造船所の生産できる技術力の範囲内で建造する政策が採用された。しかしながら，甲鉄艦と巡洋艦の購入と国産化は順調には進まなかった。この時期に衝角は輸入と国産の巡洋艦には必須の新式兵器として採用されたが，甲鉄艦の購入交渉が難航したため，その具体的な性能は未定のままであった。こうして，清国政府の官僚たちは，海防軍備を通じて，西洋の海軍関係の知識をわずかずつではあるが，理解しながら受け入れるようになったのである。

第3章　西洋軍事技術の移植政策（1875〜1894）

は じ め に

　1860年代初めから，清国政府は，西洋の新式兵器と軍艦を，外国から雇った技術者の下で国内の工場で生産することで，西洋の軍事技術を移植しようとする努力が払ってきた。その成果は，国内反乱を鎮定するのには役立った。1860年代半ば以降，海防建設が重視されるようになると，列強の侵入から国を守る海防軍備を強化するために，国内での兵器生産と軍艦の建造が積極的に行われるようになった。1870年代には，西洋では兵器は飛躍的に発展し，性能の優れた後装式銃砲が諸列強の陸軍の制式兵器として使われるようになり，また，装甲軍艦が海軍の主力艦船となっていた。陸海軍の兵器装備において，清国と列強との格差は依然拡大しつつあった。この状況に対応するために，清国政府は，西洋の軍事技術を，兵器装備に関わるもののみならず，戦略・軍制なども含めて導入する政策を採用するようになった。

　本章では，主に1875年から1894年までの間の，清国の軍事技術移植政策の実行の過程やその効果を検討する。

第1節　西洋軍事技術の導入

　1860年代半ば以降，各地で開設された軍事学堂や兵器工場に，外国人教師や職人が招かれるようになった。それとともに各兵器工場は翻訳館を設立し，西洋の軍事技術や軍事理論に関連する書籍を数多く翻訳するようになった。これらは，軍隊の訓練や兵器の生産のほかに軍備の指針としても役立てられた。また，海外へ留学生を派遣して勉強させ，西洋の軍事関連の科学技術の移植を目指すという政策も実施された。

第3章　西洋軍事技術の移植政策（1875〜1894）

1　西洋の軍事技術書の翻訳

　1874年末の第一次海防討論を経て，李鴻章が北洋大臣になり，海防を司るようになると，既述の通り，陸海軍の西洋化が推し進められ，国防の強化を目指した軍事戦略が進展した。これにともない，彼の管轄下にあった江南製造局・金陵機器局・天津機器局などの兵器工場の翻訳館などでは，必要に応じて西洋の軍事技術関連の書籍が翻訳された。ここでは，江南製造局の翻訳を中心に，西洋軍事技術書籍の翻訳の情況を概観し，この時期の軍事技術の翻訳の特徴とその役割を分析する。天津機器局における翻訳活動も参考にする。

　江南製造局は，1868年に翻訳館を設立し，李善蘭（リゼンラン，1811〜1882），徐寿，華蘅芳（カコウホウ，1833〜1902），徐建寅，鄭昌棪（テイショウエン），李風苞，王徳鈞（オウトクキン），趙元益（チョウゲンエキ），鐘天緯（チュウテンイ），舒高第，賈歩緯（カホイ）などの中国人及びイギリス人宣教師ワイリ（Alexander Wylie, 1815〜1887, 中国名は偉烈亜力），ジョン・フライヤー，カール・トラウゴット・クレイヤー，ダニエル・ジェローム・マッゴウァン，ジョン・エレンなどの外国人職員を集めて，西洋の多くの書籍を翻訳した。1868年から1894年の間に翻訳されたのは103種で[256]，この中で軍事技術に関連するものは60種類以上であり，200巻余にも及んだ[257]。それらの中から1871年代から1894年の間に現れたものを表4，表5，表6，表7に記す[258]。

　この表4，表5，表6，表7の兵学訳書は，兵器装備類・軍事施設類・陸海軍制類・海防類・軍事訓練類・測量類などに大きく分類することができる。これらの兵学訳書の翻訳された時代と内容及び種類からは，清国の海防軍備の移り変わり，特に軍備に関わる技術の変化を具体的に見ることができる。表4から分かるように，1871年から1874年にかけての僅か5年間で，西洋の兵学書は31種も翻訳されていた。そのなかで1874年だけでも13種もの本が刊行されているが，すべてが海防を中心とした陸海軍戦術や兵器の製造と使用に関する実用的な書物であった。これはこの時期の海防軍備の緊迫性を物語っている。

　表5，表6，表7から分かるように，1875年から1894年までの20年間で56種の本が翻訳され，70年代後半に18種，80年代はやや少なく14種で，90年代の前半期では24種も翻訳されている。全体的に見て，兵学書の翻訳が増え

第1節　西洋軍事技術の導入

表4　1870年～1874年に翻訳館が刊行した西洋軍事技術に関する訳書[259]

順番	書名	原著者	翻訳者	筆記者	巻数	年代
1	製火薬法	利嘉遜華徳斯（英）	傅蘭雅	丁権棠	3	1871
2	汽機発軔	美以納, 白労那（英）	偉烈亜力	徐寿	9	
3	汽機新製	白爾格（英）	傅蘭雅	徐建寅	8	
4	攻守砲法		金楷理	李鳳苞	6	
5	営塁図説				1	
6	克虜卜造餅薬法		金楷理	李鳳苞	3	
7	克虜卜砲薬弾造法		金楷理	李鳳苞	4	1872
8	城塁全法		舒高第	汪振声		
9	攻守制宜					
10	大砲全輪					
12	兵船砲法	水師書院（米）	金楷理	朱恩錫	6	
13	汽機必以	蒲而捺（英）	傅蘭雅	徐建寅	12	
14	御風要術	白爾特（英）	金楷理	華蘅芳	3	
15	防海新論	布里哈（普）	傅蘭雅	華蘅芳	18	1873
16	船塢論略		傅蘭雅	鐘天緯	2	
17	臨陣管見	斯拉弗斯（普）	金楷理	趙元益	9	
18	水師操練	戦船部原書（英）	傅蘭雅	徐建寅	18	
19	輪船布陣	賈密倫（英）	傅蘭雅	徐建寅	12	
21	行軍測絵	連提（英）	傅蘭雅	趙元益	10	
22	兵工紀要	連提（英）	傅蘭雅	趙元益	17	
23	臨陣管見	斯拉弗斯（普）	金楷理	趙元益	9	
24	俄国水師考	百拉西（英）	傅蘭雅	李嶽衡		
25	克虜伯砲図説 （克虜伯砲説）	軍政局（普）	金楷理	李鳳苞	4	1874
26	克虜伯腰箍砲説	軍政局（徳）	金楷理	李鳳苞	1	
27	克虜伯砲架説	軍政局（普）	金楷理	李鳳苞	1	
28	克虜伯纏絲砲雑説	軍政局（普）	金楷理	李鳳苞	1	
29	克虜伯砲操法	軍政局（普）	金楷理	李鳳苞	4	
30	克虜伯砲表	軍政局（普）	金楷理	李鳳苞	6	
31	克虜伯砲弾造法	軍政局（普）	金楷理	李鳳苞	2	

第 3 章　西洋軍事技術の移植政策（1875～1894）

る傾向を見てとれる。

　1866 年に清国の軍事が対外的な国防を中心にしたものへと方針転換すると，1870 年までに国内の軍事工場の規模も拡大された。それに従って，銃砲の生産が行われるとともに，軍艦の建造も進展し，1870 年 8 月から 9 月には，福建省と江蘇省で海軍が建設された。北洋の海防建設は少し遅れを取っていたが，海岸砲台の建設と水師の準備は始まっていた。こうした 70 年代初め頃の海防軍備の必要に応じて，西洋の軍事技術の書籍は翻訳されるようになったのである。

　清国の軍備に変化が起こるたびに，それに応じる形で，翻訳書の種類も内容も随時更新されていた。1870 年代初頭，李鴻章が直隷総督となり，北洋三省の海防建設を担うこととなった。彼はまた北洋の通商大臣という職務を兼ねていたため，外国からの兵器輸入や外国人との技術交流を行いやすい立場にあった。そこで，李鴻章は 1870 年代の初めに名高くなったドイツのクルップ社産の海岸砲と野砲を輸入し始めた。新しい兵器の輸入とともに，新兵器の使用に関する技術本も随時に翻訳され，使われるようになった。陸軍装備に関する訳本としては，表 4 から分かるように 1870 年代の初期には，砲台砲の設置や使い方を紹介した『攻守砲法』が訳された。また，主にクルップ社産の砲台砲と野砲の訓練や戦時中に使用する方法が書かれた『克虜伯砲図説（克虜伯砲説）』，『克虜伯砲操法』，『克虜伯砲表』などの本と，クルップ砲に使われる長榴弾の製造法に関する『克虜ト砲薬弾造法』などが 1872 年に翻訳された。これは球形榴弾から長弾への生産の移行を促した。1871 年に翻訳された『製火薬法』は粒状の黒色火薬の製造法に関する専門書である。『製火薬法』は，1874 年の火薬製造の際に参照され，『克虜ト砲薬弾造法』，『克虜ト造餅薬法』は，1878 年の砲弾製造の際にそれぞれ参照された[260]。

　『製火薬法』は，1871 年に，イギリスのリチャードソン（Thomas Richardson, 利嘉遜）とワッツ（Henry Watts，中国名は　華徳斯）らが編集した『化学工芸（Chemical Technology）』の第一巻の火薬の部分を，フライヤーが口頭で翻訳し，丁権棠（テイケントウ）がそれを記録したものである。

　本書は三巻で構成されている。第一巻は，火薬の起源，硝石と硫黄の抽出方

法，炭の製造方法を紹介している。黒色火薬が発明されると，兵器として戦場で使われるようになった。しかし，黒色火薬には，煙が出る，灰がでる，変質し易い，重く持ち運びに不便であるなどの問題点があった。こうした黒色火薬の欠点を解消する新しい火薬が発明されれば，黒色火薬は使用されなくなると予想されていたが，まさに当時，ヨーロッパ各国では綿火薬が使われるようになっていた。ただし，発明当初は，これが黒色火薬より優れているか否かはまだ明らかではなかった。同書は，無煙火薬についても触れているが，これによって初めて西洋の無煙火薬の情報が清国へ伝わったものと思われる。第二巻は，火薬製造に使われる道具と製造の工程，及びいくつかの種類の火薬の製造方法を紹介している。第三巻では，火薬の燃焼性，外形など様々な性質が説明されている。

　1870年初めには，清国の海軍の建設が軌道に乗りはじめ海軍の訓練が行われるようになった。この時期には，海防海軍関係の兵学訳書として『兵船砲法』，『水師操練』などの艦載砲の訓練や応戦の際の使い方を紹介した兵学書と，海戦戦術を紹介した『輪船布陣』も翻訳されていたほかに，『汽機発軔』，『汽機新製』，『汽機必以』など，艦船製造に欠かせない蒸気機関の製造に関する技術本も翻訳されていた。

　1870年代初めに，『兵船砲法』や『水師操練』，及び後の清国の海軍艦隊の建設に影響を及ぼした『輪船布陣』などの翻訳書が出現したことは，西洋の海軍の戦術や訓練の方法が，主にイギリスやアメリカから輸入されていたことを証明している。1873年に江南製造局から訳され，刊行された『輪船布陣』は，西洋の海軍の戦術や陣形を組み合わせて清国へ紹介した最初の書物である。これはイギリス人ペリュー（Pownoll Pellew，中国名は賈密倫）が1868年に著した *Fleet Maneuvering* という著書の翻訳であった[261]。この書物は輪船布陣に関する文章と図形の二つの部分からなっている。全書は13の章で構成され，当時の海軍陣法の基本的な原理や各種類の陣形の配列の形式や変換の方法などを紹介している。また，布陣の方法に関する主な概念，術語なども記載されている。図形の部分は，各章に述べられた陣形の配列を直観的に表現したものである。

　『輪船布陣』に紹介された陣形の配列の理論は，西洋における蒸気機関を載

第3章　西洋軍事技術の移植政策（1875〜1894）

せた艦船の布陣の初期のものである。西洋で最初に陣形の配列方法を体系化したのはフランス人であり，1857年には，フランスで，専門的な著書として，艦隊作戦法に関わる書物が出版されていた[262]。その後，イギリスでも海軍の布陣を工夫した戦術が現れた。戦争中に発展した技術であったために，この時点では海軍の布陣に関する研究には様々に不十分な点があったと考えられるが，『輪船布陣』は基本的には当時の西洋海軍戦術の水準を反映していたと考えられる。

『輪船布陣』の刊行により，清国における海軍の陣形の配列方法の理論の基礎が定められ，この書はその後10年間の南北両洋艦隊の海軍の訓練に使われた。海軍の陣形の配列方法とは，艦隊決戦を行うためのものを含んでおり，ほかに，「陣法」の運用術，火砲を載せた軍艦の作戦術，艦船を衝突させる戦術などもある。

『輪船布陣』の初めの部分には，艦体に付けた金属の衝角を，相手の軍艦を打ち破る兵器として使う衝角戦法が，当時の海戦において決定的に重要な戦法として紹介されている。南北戦争（1861〜1865）を経て，世界の海軍は鉄甲艦時代に入ったが，衝角戦法はこの戦争の海戦で多く試みられていた。しかし，戦争に参加した衝角艦のほとんどは航速が小さかった。南軍のメリマック装甲艦の時速は僅か5海里であり，北軍の大型戦艦カンパーランドに向かって突撃した時には，相手に大した衝撃を与えることができなかったばかりか，艦首に損傷をうけた[263]。このように，衝角戦術は，当初，軍艦同士の勝敗を左右するほどの影響力を持たず，有用な海戦戦術として注目されなかった。

これに対し，1866年に起こったリッサ海戦[264]では，衝角戦法が偶然に功を奏した。これにより，衝角突撃戦法は装甲艦を打ち破る有効な戦術として世界に注目されることとなった。1860年代後半からは，衝角は軍艦に欠かせない兵器としてとり付けられるようになり，衝角戦法も艦隊が必ず会得すべき戦術として定着した。イギリス・フランスなどの各大国は競い合ってこの戦法を導入し，艦首に衝角を持った軍艦を建造し始めた。これと同時に，この新しい海戦術をうまく使うために実験訓練も行なうようになった。

衝角戦法は『輪船布陣』が1873年に翻訳されることによって始めて清国へ

第 1 節　西洋軍事技術の導入

紹介された。その後の 20 年間，清国の軍艦の建造や海軍艦隊の訓練においては戦法の基本となった。この訳本では，衝角戦法を有効に使うために船体が備える諸技術条件や，衝撃力を得る計算方法，および衝撃を実現させる方法が具体的に解説されている。その内容は次のとおりである。

　a．衝角艦のマストと機関は，衝突する際に損傷する恐れはない，なぜなら，他の軍艦に衝突する際に起きた振動は海岸に激突する衝撃より小さいためである。しかし，前方は力を受けるため，衝撃に耐え得るために，衝角軍艦の機関や装備は船体のやや後方に建造したほうが安全である。これにより，前へと働く力に耐えられるようになる[265]。

　b．衝角軍艦を有効に使うためには航速が速いほうがよく，また船体が比較的小さければ回転しやすい。この二点を備えるためには左右 2 軸の推進器が必要である[266]。

　c．衝撃力を予測するためには，小さい軍艦の艦首にゴムを被せ，徐行させて，ほかの船にぶつけて衝撃力を計算し，大型軍艦が高速で動く際の衝撃数を推測する方法がある[267]。

　c に示された方法は，当時はまだ実験されていなかった[268]。

　実際には，敵艦の蒸気機関や船舵が壊れている場合，或いは敵艦が停泊している場合を除けば，衝角による突撃の効果を得ることは容易ではない。衝角戦法の究極的な目標は，衝角艦の艦首と敵艦の交点を敵船体の中心として，敵艦を沈没させることである。この最大の戦闘効果を得るためには，衝角艦が最速で動く際の一番小さい円軌道や，各航速で舵の方向変換に応じて船体が辿る円軌道について，実験や計算によって前もって特性を把握しておく必要がある。敵艦から近い距離にいた場合には，その方向や，距離の変化，航速は計算しやすく，回転するため最小の円軌道のおおよそを得ることができる。計算と実行が精密であればあるほど衝角艦が敵艦に与える損害は大きい[269]。

　d．敵艦の航速が衝角艦より大きい或いは小さい場合に，衝角戦法を有効に使う方法としては次に二つがある。一，敵艦の航速が大きく，航行に乱れがない場合，衝突はできない。しかし，航行に乱れがある場合には，衝角戦法が実

施できる。二，2隻の衝角艦が1隻の敵艦に当たる場合，敵艦の航速は大きくとも，両衝角艦のどちらかを突撃させることができる。敵艦の航速が両衝角艦の航速より小さければ，衝角攻撃を避けることはできない[270]。

当時は，衝角戦術が紹介されても，清国の造船技術では衝角を持った甲鉄艦が建造できず，非装甲軍艦で組織された清国の艦隊はこの新しい戦術を考慮に入れていなかった。1879年に海軍で甲鉄艦隊の建設が急がれるようになると，清国政府は初めて敵艦隊の甲鉄艦に抵抗できる有効な戦法として注目することとなった。

1881年には，イギリスの造船所で建造された2隻の衝角巡洋艦が就役し，海軍の訓練に参加した。この年には『海戦指要（海軍指要）』が翻訳された。同書では，艦隊決戦の場合，艦砲から発射される砲弾は厚い船体の装甲を打ち破る効果が弱いことが指摘されており，これに代わって甲鉄艦に抵抗する有効な武器として，艦首の衝角の使い方が詳しく紹介されている[271]。

1885年には，天津機器局において，『各国水師操戦法』，『海戦洋砲説』などの海戦戦法に関する技術書籍も翻訳された。このうち，『各国水師操戦法』は衝角艦船を中心とした戦法が解説された書物であり，直接的には，これが清国の北洋艦隊の戦術訓練に役立ち，日清戦争の黄海海戦において実際に用いられたと推測される。

1890年になると，『海軍調度要言』が翻訳されたが，同書は，衝角と水雷が効果的であるとする当時の通説に疑問を提示し，衝角戦法の実現の難しさと水雷攻撃の際に起こる自爆の可能性を指摘するとともに，蒸気機関や船体が壊れた場合に戦闘を続行するには，艦砲が大切であると述べている。結論としては，衝角や水雷よりも，艦砲を多く載せることが海戦において勝利を得る得策であるとしている[272]。

1874年末からの第一次海防討論の際に李鴻章が提示した海防策案の提案の一つには，射撃の技術の向上があった。この時期には，艦砲と要塞砲の射撃技術に関する書籍が集中的に翻訳された。表5に収められた『格林砲操法』，『攻守砲法』，『砲法求新』，『砲法求新附編』，『克虜伯砲準心法』などがそれである。

1875年から1879年にかけて，李鴻章ら南北両洋海防大臣は海防軍備の準備

第1節　西洋軍事技術の導入

表5　1875年～1879年に翻訳館が刊行した西洋軍事技術に関する訳書

順番	書名	原著者	翻訳者	筆記者	巻数	年代
1	格林砲操法	佛蘭克林（米）	傅蘭雅	徐建寅	1	
2	攻守砲法	軍政局（普）	金楷理	李鳳苞	1	
3	砲法求新	烏理治法局	舒高第	鄭昌棪	6	1875
4	砲法求新附編	阿姆斯特朗	舒高第	鄭昌棪	2	
5	克虜伯砲準心法					
6	測地絵図	富路瑪（英）	傅蘭雅	徐寿	12	
7	海道図説				15	1876
8	八省沿海全図				1	
9	営塁図説	伯里牙蕎（比）	金楷理	李鳳苞	1	
10	回特活徳鋼砲説		傅蘭雅	徐寿	1	
11	英国水師律例	徳麟，極福徳（英）	舒高第	鄭昌棪	4	1877
13	西砲説略	傅蘭雅（英）			1	
14	爆薬紀要	水雷局（米）	舒高第	趙元益	6	
15	水師保身法	勒羅阿（仏）	伯克雷	趙元益	1	
16	水師章程	水師兵部（英）	林楽知	鄭昌棪	20	1879
17	海防策要	伯徳（英）	畢徳格			
18	水師章程続編	水師兵部（英）	林楽知	鄭昌棪	6	

を行ったが，そのために，まず沿海の地理的な情況と海路の事情を把握するための知識を求めた。表5にある『測地絵図』，『海道図説』，『八省沿海全図』は，こうした必要に応じて翻訳された。また，1879年に翻訳された『爆薬紀要』によって，水雷に詰める爆薬としての綿火薬が初めて清国へ紹介された。

　1879年に海軍の建設が急務とされると，海軍の組織や運営に関する書籍が集中的に翻訳された。例えば，表5にある『水師保身法』，『水師章程』，『海防策要』，『水師章程続編』などである。このうち『水師章程』は，後に清国政府が北洋海軍章程を制作する際に参照された[273]。

　表6から分かるように，江南製造局の翻訳館は，1880年代に入って後，『砲

表6 1880年～1888年に翻訳館が刊行した西洋軍事技術に関する訳書

順番	書名	原著者	翻訳者	筆記者	巻数	年代
1	水雷秘要	史理孟（英）	舒高第	趙元益	6	1880
2	洋銃浅言		顔帯固			
3	兵船海岸砲位砲架図説	軍政局（普）			3	
4	城堡新義			李風苞		
5	砲法求新	烏理治官砲局（英）	舒高第	鄭昌棪	6	
6	火器略説		黄達権	王韜		
7	列国陸軍考	欧潑登（米）	林楽知	瞿昂来		1881
8	徳国陸軍考	欧盟（仏）	呉宗濂	潘元善		
9	海戦指要（海軍指要）		金楷理	趙元益		
10	行軍鉄路工程	武備工程課則（英）	傅蘭雅	汪振声	2	1886
11	米国水師考	巴那比（英）克理（米）	傅蘭雅	鐘天緯	1	
12	法国水師考	杜黙能（美）	羅亨利	瞿昂来	1	
13	英国水師考	巴那比（英）克理（米）	傅蘭雅	鐘天緯	1	
14	子薬准則	丁乃文			1	1888

法求新』，『火器略説』，『洋銃浅言』，『兵船海岸砲位砲架図説』，『城堡新義』などの各種の火薬と銃弾，砲弾および銃砲の製造方法と使用に関する本の翻訳を引き続き行い，兵器の生産技術の進展をはかっていた。これと同時に1880年以降，李鴻章の陸海軍の共同作戦を主眼とした海防軍備計画が本格的に始動すると，江南製造局の翻訳館などの翻訳機関では，西洋の陸海軍の組織制度や運用体制，兵器の生産・使用，防衛施設の建設に関する内容を含む軍事技術関連の書籍が翻訳されるようになった。例えば，表6から分かるように，陸軍の組織制度に関しては，1880年から1886年にかけて，『列国陸軍考』，『徳国陸軍考』などが翻訳された。陸軍の運用には鉄道が必要であるため，1886年には『行軍鉄路工程』が翻訳されていた。この年から清国最初の民用と軍用を兼ね

た鉄道の建設がはじまっていた。

　水雷については，表6にある1880年に翻訳された『水雷秘要』が，海岸沿いに敵艦隊が侵入可能な海路を遮断するためには水雷が必要であることを，世界の海戦の歴史から説き起こして述べている。同書は，水雷による攻撃の仕方を詳しく説明するとともに，敵の水雷攻撃を排除する方法も紹介していた。

　1885年に清仏戦争が終結すると，清国政府は戦争の教訓を生かすために，西洋式の海軍の建設を急ぐようになった。清国がドイツへ発注した甲鉄軍艦は1885年から1886年の間に就役し，北洋艦隊の建設が本格的にはじまった。これと同時に，各国の海軍の規模や組織体制に関する解説として，江南製造局の翻訳館は，『米国水師考』，『法国水師考』，『英国水師考』などの書物を翻訳していた。

　1888年以降は，清国の北洋では，防衛軍隊の実戦力を強化するために陸海軍の訓練や軍事演習が行われるようになった。表7にある翻訳書籍の多くが，この時期の清国の軍隊，特に北洋の陸海軍の訓練に役立てられたものと思われる。

　1888年に北洋艦隊が建設されてから，1894年の日清戦争までには，火砲の命中率の向上を目的とした，火砲の操作に関する書籍，『砲准心法』，『砲乗新法』が翻訳され，ほかに，『新訳淡気爆薬新書上編』，『新訳淡気爆薬新書下編』などの水雷に使われる爆薬を紹介した書物も翻訳されていた。

　この時期の海防軍備の目標の一つは，陸海軍の共同作戦を潤滑に行うことであった。そのため，『列国陸軍制』，『西国陸軍軍制考略』など各国の陸軍の制度を紹介した本や，『行軍指要』，『開地道轟薬法』，『営塁図説』，『営工要覧』，『営城掲要』，『営城要説』などの陸軍が用いる鉄道の建設や道路の利用法，及び陸軍の作戦術を紹介した兵学書が翻訳された。上で挙げた兵学書のうち，『砲准心法』，『攻守砲法』，『砲法求新』，『営塁図説』，『営城掲要』などの書籍は，1894年に至るまで，戦争中も北洋の陸軍の訓練に使われていた[274]。

　1890年から1894年の間には，清国の海軍の建設は停滞していたが，世界の海軍の事情の把握と海軍の訓練は積極的におこなわれていた。1890年に翻訳された『鉄甲従談』には，世界の主要海軍国の艦隊が保有する甲鉄戦艦の数や

第3章　西洋軍事技術の移植政策（1875～1894）

表7　1889年～1894年に翻訳館が刊行した西洋軍事技術に関する訳書

順番	書名	原著者	翻訳者	筆記者	巻数	年代
1	砲法画譜	丁乃文				
2	砲准心法	軍政局（普）	金楷理	李風苞	2	
3	新訳淡気爆薬新書上編				4	1889
	新訳淡気爆薬新書下編				5	
4	列国陸軍制	欧潑登（米）	林楽知	瞿昂来	1	
5	砲乗新法	製造局（英）	舒高第	鄭昌棪	3	
6	前敵須知	克利頼（英）	舒高第	鄭昌棪	4	
7	海軍調度要言	奴核甫（英）	舒高第	鄭昌棪	3	
8	兵船汽機	兵船部総管息尼特（英）	傅蘭雅	華備鈺	6	
9	鉄甲従談	黎特（英）	舒高第	鄭昌棪	5	
10	測絵海図全法	華爾敦（英）	傅蘭雅	趙元益	8	1890
11	航海章程				2	
12	航海通書				1	
13	航海簡法				4	
14	行船免撞章程				2	
15	行海要術		金楷理	李風苞	4	
16	絵地法原				1	
17	行軍指要	哈密（英）	金楷理	趙元益	6	
18	営塁図説	伯利牙芸（比）	金楷理	李風苞	1	1891
19	営工要覧	武備工程課則	傅蘭雅	汪振声	4	
20	西国陸軍軍制考略	柯理集（英）	傅蘭雅	範本礼		1892
21	開地道轟薬法	武備学堂	傅蘭雅	汪振声	3	
22	営城掲要	儲意比（英）	傅蘭雅	徐建寅	2	1893
23	営城要説		傅蘭雅	徐寿	2	
24	鉄路紀要	柯理集（米）		藩松	3	1894
25	米国鉄路彙考					

性能などの情況が詳しく紹介されている。海軍についての技術書もこの時期に集中的に翻訳紹介された。このうち，『海軍調度要言』，『前敵須知』，『航海章程』，『航海通書』，『測絵海図全法』，『航海簡法』，『行船免撞章程』，『行海要術』などは，海軍の運用に関する書物である。

　以上，1870年代から1890年代初期までに翻訳された兵学訳書を総括的に見れば，兵器製造に関する書籍の占める割合が最も大きい。また兵器製造を主題としない書物のなかにも，兵器製造に関する記述を含むものが多い。

　『砲法求新』の第一巻は，銃砲製造に使う青銅・鋳鉄・鋼などの様々な性質・性能を詳しく分析している。また，戦争の実用に応じて，必要な材料を選び，生産の量を決めるなどの生産に関する知識も示されていた。射程が長い火砲を製造する場合には，なるべく良質の鋼を選ぶのがよいなどの指摘もある[275]。

　火薬製造については，『兵船砲法』，『克虜卜砲薬弾造法』などがある。これらにおいては，主に西洋各国の火薬製造技術，具体的には，原材料を砕き，混ぜて，粒にするまでの工程，および火薬の包装から貯蔵までが詳しく解説されている。『兵船砲法』及び克虜卜砲に関する様々な書籍には，火砲型の製造から火砲が造られるまでの工程が詳しく説明されている[276]。このほかに，『汽機発軔』，『汽機新製』，『汽機必以』，『兵船汽機』などの蒸気機関の製造と管理に関する書籍も数多く翻訳されていた。これらは清国の兵器の国産化の努力を伝えるものであるといえる。

2　軍事技術教育

　第一次海防討論では，海防に必要な新しい人材を獲得することも緊急課題とされた。海防軍備には西洋人の協力が必要であったが，自国で新しい需要を満たす人材も必要であった。このため，外国人教師を招き，新しく開設された軍事学堂で西洋の科学や技術を伝授させ，また西洋流の外交政策を取り入れ，外国へ公使を派遣し，公使や外国人教師たちの人脈を利用して本国の若者を外国へ留学させ，西洋の軍事技術を学習させることとした。

　第一次海防討論で提起された，練軍・簡器・造船・籌餉・用人・持久の六つの要請のすべては新しい人材を必要としていた。特に海防を強化する政策を持

第 3 章　西洋軍事技術の移植政策（1875〜1894）

続的に行なうために，教育制度の改革も必要とされた。

(1) 軍事学堂による軍事技術の教育

　清国政府は，1864 年に国内の軍事工場で技術者を育成する政策を実施していたが，1866 年に福州船政局に軍事学堂が開設されると，外国人教師の下で洋式軍事教育を行うようになった。1870 年代に入り，海防軍備が急務となると，洋式軍事教育の需要が高まった。この状況に応じるために，李鴻章は以下のような認識の下で，人材育成に関する計画を立てた。1874 年，李鴻章は「籌議海防折」中で，「有用な人材を得るのが急務であり，将来のためにも人材の蓄積が必要である」[277]と主張した。具体的には，西洋の諸国は科学技術の教育制度によって人材を育て，人々に立身出世の道を与えたため，新しい技術や製品を次々と生み出していると述べ，清国の文武科挙試験の制度を修正するよう提案した[278]。

　李鴻章は，人々に，西洋の日用の民生品や軍器製造の源である科学技術を学ばせ，西洋の進んだ科学技術に目を向かせる必要があると考えていた。さらに，時代に応じた有用な人材を絶え間なく育てていくことは，国を西洋諸国のように豊かで強国にするためには避けて通れない道であると説得しようとした[279]。

　また，海防に必要な人材を各沿海省で洋学堂を設立して育成することと，留学生を派遣して，外国で本場の技術を身につけさせ，帰国した後には，各専門の分野に配置することが必要であるとの意見も述べている[280]。

　1870 年代後半になると，再び海防が緊急課題となり，海軍の創設が必要とされた。そのため，海防大臣の李鴻章は，海軍に必要な人材を育成するために，天津に水師学堂を開設した。これに続いて，沿海地域で，海軍の教育と訓練を行う専門的な軍事学校が開設されるようになった。このなかで，規模の大きい水師学堂としては，広東黄埔水師学堂・江南水師学堂などがあった[281]。

　清国の開設した軍事学堂には海軍と陸軍の二種類があり，1867 年 1 月に開設された福建船政学堂と 1881 年に開設された天津水師学堂は，一般の自然科学の基本知識から，船舶の製造にかかわる機械製造技術及び軍艦の操縦や艦砲，水雷などの使い方に至るまでの海軍技術の教育を行なっていた[282]。

第 1 節　西洋軍事技術の導入

　陸軍の学堂の開設は遅く，1885 年に李鴻章の提議によって，天津で開設された天津武備学堂[283]が最初である。ここでは，天文・地理・物理・測量・算術・化学などの自然科学の知識のほかに，砲台の建設や戦術を教えた[284]。

(2) 欧米への軍事技術の学習を目的とした留学生の派遣

　1871 年に，イェール大学から帰国した容閎の努力により，曽国藩と李鴻章は政府に建言を行い，優秀な児童を西洋へ派遣することを提案した。選ばれた児童に現地で学校教育を受けさせ，西洋の軍政・船政・製造などの諸学を習得させ，10 年余がたった後に帰国させれば，西洋の得意とする技をすべて掌握でき，徐々に国家の振興に役立つと考えたのである。清国政府は，彼らの提案を受け入れ，毎年 30 名の児童を，4 年に渡って計 120 名派遣し，15 年後に毎年 30 名を帰国させ，政府指定の仕事に就かせることとした[285]。

　1872 年 8 月 12 日に，第一期の 30 名の留学生をアメリカへ派遣し，アメリカ駐在の公使陳蘭彬と副使の容閎に監督させた。その後，1873 年 6 月，1874 年 9 月，1875 年 10 月に第二，第三，第四期の留学生がそれぞれアメリカへ渡った。1881 年に帰国を命じられた時，120 人のうち半分近くがアメリカの大学に在籍或いは卒業していた[286]。これらの学生たちは，アメリカで軍事関係の学校に通うことはなかった。1881 年に，所定の期間に満たないうちに帰国したため，軍事技術を学ぶことはできなかったが，帰国後，半分近くが政府の指定した製造局・船政局・電報局及び魚雷・水雷営など南北両洋の海軍関係の機関に配属された[287]。

　1873 年から船政局の優等生を海外で研修させる計画は議論されたが，1875 年に決定を見て実行された。1876 年には，ドイツから招いた教師が帰国する際，卞長勝などの 7 人の軍人を留学生として同行させ，ドイツの陸海軍の技術を学ばせた[288]。翌 1877 年に，福州船政学堂からは 26 名をイギリスやフランスへ派遣し，本場の造船や海軍の軍艦操縦技術を学ばせた。1881 年と 1886 年にも継続して派遣し，総計 79 名がこれらの国々に向かった。

　これらの留学生たちは，海軍の建設の進展に応じてそれぞれ必要な新技術を学ばせる目的で派遣されていた。例えば，1875 年に福州船政局で水雷の生産

技術が導入された[289]。1876年から新しい海軍艦隊には水雷艇は必要とされ，輸入と国産化の活動も始まった[290]。1880年代の初めに天津機器局では水雷艇も生産されるようになった[291]。1879年に海軍の建設が急がれると，魚雷艇も新しい海軍には欠かせない新兵器として登場した。1880年に外注した装甲艦には魚雷艇を設置されている。表8，9，10から解るように[292]，清国からは，水雷艇・魚雷艇などの生産と使用に関する知識を学ばせるために，1877年から1882年の間に二回に渡って，留学生がフランス・アメリカ・ドイツへ派遣されていた。1886年以降派遣された留学生のほとんどは，イギリスとフランスで海軍技術を学び，1889年に帰国した一部の学生は，北洋艦隊に配分された。

以上で見た通り，1875年以降，清国の軍事技術の教育機関は，陸海軍の建設に必要な技術が求められた各時期に開設されている。海軍関係の国内教育の拡充と留学生の派遣は同時に行われ，1890年代の初め頃までには基本的に新式海軍の人材の需要に対応できるようになった。これに対して，陸軍の洋式化は遅れていたため，1880年代半ばまでは，陸軍における洋式軍事教育を受けた士官の需要は少なく，陸軍技術に関する国内教育機関の開設も遅かった。1885年以降陸軍の軍事学校が北洋において開設されたが，1890年代半ばまで，洋式教育を受けた陸軍士官が占める割合は低かった[293]。

以上の政策は，初期の基本的な軍事技術の輸入政策としては合理的であったといえる。当時，清国の軍事を担当した官僚たちは，この程度の技術導入を行えば，西洋の先進兵器を国産化が可能になり，列強並みの軍事力に達し得ると考えていた。

しかし，技術交流を深め，最新鋭の軍事技術の導入を図り，自国の兵器工場の生産能力を高めたうえで，西洋の兵器より優れた兵器を生み出すためには，技術貿易の段階を踏み，技術特許の売買交渉を行わなければならない。李鴻章を含む清国政府の中枢の官僚の中に，西洋の軍事技術を導入して，先進兵器を国産化するだけでなく，技術の改良を行い独自の兵器を創出するための，更なる政策に思い至った者はいなかった。西洋の銃砲より優れた兵器を製造できる技術者に特許権を与えて技術の独創性を奨励する政策は，1898年7月12日に

初めて決定された[294]）。

このような，1860年代から90年代までにかけての清国政府における軍事官僚たちの軍事技術の向上に関する認識の低さも，西洋式の兵器の国産化の歩みを鈍らせる効果があったものと思われる。

表8　1875年から1880年の間に派遣された第一期の留学生の状況

名前	留学前の所属	出国日付	学習年限	帰国日付	留学先	学習内容	注
魏瀚	船政前学堂卒業生	1875.3		1879.11	フランス	造船・製銃	1896年から1904年にかけて船政局の監督，会弁，大臣などを歴任した。
陳兆翱	同上	同上		同上	同上	蒸気機関の製造	
鄭清廉	同上	1877.3.31	3	1883.10	同上	蒸気機関の製造・製銃	
呉徳章	同上	同上	3	1880.10	同上	蒸気機関の製造・製砲	
楊廉臣	同上	同上	3	同上	同上	同上	
陳林章	同上	同上	3	1880.7	同上	蒸気機関	
梁炳年	同上	同上	3		同上	同上	
李寿田	同上	同上	3	1880.6	同上	同上	
林怡遊	同上	同上	3	同上	同上	蒸気機関・冶金・製銃	
池貞銓	同上	同上	3	1880.8	同上	採鉱・製鋼	
林日章	同上	同上	3	1880.10	同上	採鉱・蒸気機関	
張金生	同上	同上	3	同上	同上	採鉱	
林慶升	同上	同上	3	1880.8	同上	製鋼	
羅臻録	同上	同上	3	1880.10	同上	採鉱	

第3章　西洋軍事技術の移植政策（1875〜1894）

裴国安	船政局の技術学徒	1877.3.31	3		同上	気筒学	
郭瑞珪	同上	同上	3		同上	気筒学	
劉懋勛	同上	同上	3		同上	鋳鉄	
陳可会	同上	同上	3		同上	雷艇・魚雷・船体設計	
王桂芳	同上	1877.10	3	1880.11	同上	製鉄・蒸気機関	
任照	同上	同上	3	同上	同上	冶金・鉄骨・装甲の製造	
呉学鏘	同上	同上	3	同上	同上	製銅・蒸気機関	
張啓正	同上	同上	3		同上	船体計算・雷艇	
叶殿鑠	同上	同上	3		同上	蒸気機関の組合せ・装甲・魚雷艇の製図	
陳季同	船政前学堂卒業生	1877.8.31	3		同上	法律	
馬建忠	同上	同上	3	1880.4	同上	同上	
劉歩蟾	船政后学堂卒業	1875.3		1879.12	イギリス	艦船の操縦	北洋艦隊右翼総兵，「定遠」艦長
林泰曾	同上	同上		同上	同上	同上	北洋艦隊左翼総兵，「鎮遠」艦長
蒋超英	同上	1877.8.31	3			同上	南洋艦隊「澄慶」艦長
林頴啓	同上	同上	3			同上	北洋艦隊「威遠」艦長
江懋祉	同上	同上	3			同上	福建艦隊「建勝」艦長,
黄建勛	同上	同上	2	1880.4	アメリカ	操縦・水雷	

98

第1節　西洋軍事技術の導入

厳復	同上	同上	3	1879.2	イギリス	操縦・冶金・銃砲製造など	北洋水師学堂教練
何心川	同上	同上	3		同上	測量	南洋艦隊「鏡清」艦の艦長
薩鎮氷	同上	同上	3	1880.4	同上	船舶操縦	「康済」艦長
林永升	同上	同上	3	同上	同上	同上	北洋艦隊「紹遠」艦長
叶祖珪	同上	同上		同上	同上	同上	「靖遠」艦長, 北洋海軍の統領, 広東水師の提督
方伯謙	同上	同上	3	同上	同上	同上	「済遠」艦長
羅豊録	同上	同上	3		同上	物理・化学	翻訳者

表9　1882年から1886年の間に派遣された第二期の留学生の状況

名前	留学前の所属	出国日付	学習年限	帰国日付	留学先	学習内容	注
黄庭	船政前学堂	1882.1	3	1886.3	フランス	製造	
王迥瀾	同上	同上	3	同上	同上	同上	
李芳栄	同上	同上	3		同上	銃・砲	
王福昌	同上	同上	3	1885.12	同上	火薬	
陳伯璋	同上	同上	3		同上		
魏逼	同上	同上			同上	蒸気機関	
陳才鍴	同上	同上		1884.12	ドイツ	魚雷	
王慶端	同上	同上					
李鼎新	船政後学堂	同上			イギリス	船艦操縦	北洋艦隊「定遠」副艦長
陳兆芸	同上	同上			同上	同上	北洋海軍「威遠」副艦長

第3章　西洋軍事技術の移植政策（1875～1894）

表10　1886年から1889年の間に派遣れた第三期の留学生の状況

名前	留学前の所属	出国日付	学習年限	帰国日付	留学先	学習内容	注
鄭守箴	船政前学堂卒業生	1886.3	6		フランス	製造・数学・物理・化学	
林振峰	同上	同上	6		同上	同上	
林藩	同上	同上	6		同上	万国公法・フランス語	
遊学楷	同上	同上	6		同上	同上	
高而謙	同上	同上	6		同上	同上	
王寿昌	同上	同上	6		同上	同上	
柯鴻年	同上	同上	6		同上	同上	
許寿仁	同上	同上	6		同上	同上	
陳慶平	同上	同上	6		同上	製造	
李大受	同上	同上	6		同上	同上	
陳長齡	同上	同上	6		同上	船体・蒸気機関製造	
楊済成	同上	同上	6		同上	製造	
林志栄	同上	同上	6		同上	製造	
盧守孟	同上	同上	3	1889	同上	船体・蒸気機関製造	
陳鶴潭	船政後学堂卒業生	同上	3	同上	イギリス	船艦操縦・蒸気機関	
王桐	同上	同上	3	同上	同上	蒸気機関	北洋水師学堂教練
羅忠尭	同上	同上	3	同上	同上	海軍・イギリス法律・ラテン語・英語など	
陳寿彭	同上	同上	3	同上	同上	同上	
張秉圭	同上	同上	3	同上	同上	同上	
賈凝禧	同上	同上	3	同上	同上	海図の製作・	

第1節　西洋軍事技術の導入

						装甲艦の操縦	
周献琛	同上	同上	3	同上	同上	同上	
黄鳴球	同上	同上	3	同上	同上	銃砲の製造と修理・装甲艦の操縦など	北洋艦隊「横海」大副
邱志範	同上	同上	3	同上	同上	同上	北洋艦隊「档海」三副
鄭文英	同上	同上	3	同上	同上	数学・物理・銃砲など	
陳恩濤	同上	同上	3	同上	同上	海図の製作・装甲艦の操縦など	北洋艦隊「定遠」大副
劉冠雄	同上	同上	3	同上	同上	銃砲の操作や修理・陣形・装甲艦の操縦など	「靖遠」艦長
曹廉正	同上	同上	3	同上	同上	水師兵船・数学・物理	北洋水師学堂副教練
陳燕年	同上	同上	3	同上	同上	同上	北洋水師学堂教練
王学廉	同上	同上	3	同上	同上	数学・物理・銃砲の練習	北洋水師学堂教練
鄭汝成	天津水師学堂卒業生	同上	3	同上	同上	同上	北洋艦隊「威遠」教練
陳杜衡	同上	同上	3	同上	同上	同上	北洋艦隊「平遠」検砲大副
瀋寿堃	同上	同上	3	同上	同上	同上	北洋艦隊右翼中営守備
伍光建	同上	同上	3	同上	同上	水師兵船・数学・物理	北洋水師学堂教練

第2節　西洋の銃砲の国内生産

　兵器の生産と技術の発展は製鉄事業の発展に基礎を置く。1865年にベッセーマーの発明した転炉製鋼法，1860年代に入ってシーメンス，マルタンらによって開発された平炉製鋼法などの溶鋼技術の進歩によって西洋の先進国々の製鉄産業が発展し，次第に鋼の生産量が増え，大砲・軍艦などにも鋼が使われるようになり，1870年代に「鉄の時代」から「鋼の時代」への移行期に入った[295]。このように第一次海防討論当時は，西洋列強の兵器の技術の革新が早く，次々と新素材で新しいものが製造されていた。特にイギリスのアームストロング社とドイツのクルップ社などの兵器生産会社の鋼鉄の生産と銃砲の生産量が著しく向上した。

　1860年代から清国国内で使われた鋼鉄のほとんどを外国からの輸入で賄っていた。1875年以降輸入量が一段と増加した[296]。これは第一次海防討論を通して，1875年半ばから西洋の先進兵器の輸入と国産化を始めた清国では，兵器工場の増設と拡充が行われることになったため，原材料の鋼鉄の需要が拡大したことを物語っている。兵器工場が大量に使う原料の外国依存は有事の際，生産が保証できない事態が起こりやすいため，李鴻章は北洋の海防大臣に任命されるとすぐに鉄鉱と石炭の採掘事業に取り掛かった[297]。しかしながら，当初国内で見つかった鉄鉱と石炭の資源が貧弱で，採掘して利用するには交通が不便などの原因で，1876年10月13日にこの動きを一時中止することになった。その後すぐ湖北省で石炭の採掘を始めたが，良質のものが得られなかった[298]。1876年末，古田の鉄鉱石を海外へ持ち出して，ベッセーマの製鋼法で精錬して見て良質の鋼が得られる可能性があれば，技術者を雇って製鉄所を建設して，兵器工場の需要を満たす同時に，経費を節約しようとした[299]。この後1878年に開平石炭採掘工場を創設した。天津機器局や輪船招商局などに石炭を供給した[300]。ところが，石炭の採掘に比べて，鋼鉄の精錬が遅れた。この時期より後，1884年から1885年にかけて清仏戦争を経験した清国政府は，有事の際，輸入兵器と輸入原料に依存することは不利であると十分に認識した。清仏戦争以降は，兵器の国産化にいっそう力を入れるようになり，1880年代

後半から1890年代初頭にかけては，江南製造局の鋼鉄工場と漢陽鉄工場の設立にあわせて，国産の制式銃砲の普及を目指し，各国の最新鋭のものに匹敵する新しい銃砲の製造を始めた。

次に国内の工場で行われた後装式施条銃砲とその砲弾・火薬の生産状況を概観する。

1　1869年から1890年における兵器の生産情況

1860年代末には，清国政府は，兵器の面で自国の軍隊が劣勢にあるので，列強の先進兵器で武装された兵隊の侵入に抵抗できないと判断していた。そのため，各省は外国から最新鋭の銃砲を輸入し，軍隊の装備を西洋化したが，既述の通り，外国と戦争になった場合には，兵器輸入の途絶によって戦闘が維持できなくなることも恐れた。そのため，天津機器局・金陵製造局や江南製造局などの従来の工場に新しい工作機械を導入し，また新たに工場を増設して，最新兵器である後装銃砲の研究や製造を行なうよう指示した。

この時期の兵器工場の建設は，1860年代と同様，原材料のほとんどを輸入に頼っていたために，海岸沿いに建設されることが多かった。しかし，沿岸の工場は外敵に狙われやすく，戦時中には原材料の輸入が途絶えてしまう恐れもある。そこで，1874年以降は，兵器工場をできるだけ内陸地の水路が便利な場所を選んで建設するようになった。

1870年代から90年代の初めにかけて，一定程度の規模を有し，20年程度にわたって生産を維持できた軍事関連の工場は24箇所あった。それらの一つ一つを詳しく紹介することはしないが，表11に，創設年代，工場名，所在地，創設者，生産した主な軍需製品を記した[301]。

表11から分かるように，1875年は工場建設のラッシュとも言えるほどの状況であり，一年間に兵器工場が四つ建設されている。その後も毎年工場は建設され，次第に内地へとその建設位置が移転するようになった。

表11が示す通り，1870年代以降創設された各地の兵器工場の大半が弾薬を生産している。また，およそ半数を占める兵器工場において，弾薬のほかにも，銃砲が生産されていた。

表11　1869年から1890年における清末の兵器工場の状況

順番	工場名	所在地	創設年代	創設者	主な製品
1	西安機器局	西安	1869	左宗棠	銃弾　火薬
2	福州機器局	福州	1870	英桂	銃弾　火薬　銃砲
3	天津行営製造局	天津	1871	李鴻章	抬銃　銃，砲弾
4	蘭州製造局	蘭州	1872	左宗棠	銃砲　銃砲弾
5	広東軍装機器局	広州	1873	瑞麟	銃砲　砲弾　黒色火薬
6	烏龍山機器局	南京	1874	不詳	1878年，金陵機器局と合併
7	広州火薬局	広州	1875	劉坤一	火薬
8	湖南機器局	長沙	1875	王文韶	黒色火薬　抬銃　榴散弾
9	山東機器局	済南	1875	丁宝楨	火薬　銃弾　銃砲
10	広東軍火局	広州	1875	張兆棟	黒色火薬　銃弾
11	四川機器局	成都	1877	丁宝楨	銃弾　火薬　銃砲
12	杭州機器局	杭州	1877	梅啓照	銃砲弾　水雷
13	大沽船塢	天津	1880	李鴻章	
14	吉林機器局	吉林	1881	呉大澂	銃弾　火薬　銃
15	金陵火薬局	南京	1881	劉坤一	火薬
16	杭州艮山内火薬局	杭州	1882	不詳	黒色火薬
17	浙江機器局	杭州	1883	劉秉璋	銃弾　火薬　水雷
18	神機営機器局	北京	1883	奕譞	銃砲　水雷
19	雲南機器局	昆明	1884	岑毓英	銃砲弾
20	杭州機器局	杭州	1885	劉秉璋	火薬　銃弾
21	台湾機器局	台北	1885	劉銘伝	銃弾
22	広東銃弾廠	広州	1886	張之洞	銃弾　銃砲
23	湖北銃砲廠	漢陽	1890	張之洞	銃弾　火薬　銃砲
24	陝西機器局	西安	1894	鹿伝霖	銃弾

1875年から1878年にかけて建設された山東機器局，四川機器局などは，各地方の需要を賄うことを目的に建設されたため，技術や資源を有効に活用する協力関係を持たず，西洋の多種類の銃砲をそれぞれ独自に生産していたため，相互の協力は不十分であった。このような各兵器工場による独自の生産が問題視されたのは，1878年になってからのことである。この年，総理衙門は，西洋の銃砲を製造する際には，最新鋭のもののなかから最良のものを選んで生産するよう初めて明確に指示した。また，各兵器工場で同じ形と構造の銃砲が生産されていても，相互の協力や交流がないことから，規格が異なって使用に不便であったため，各兵器工場が各地で一律に使える製品を生産するように指示した[302]。しかし，当時は西洋の後装銃砲の製造が始まったばかりであり，後述のように生産技術が未熟であったため，最新鋭の銃砲については試作にとどまり，軍隊が実用するほどの良質な製品を生産して，標準化して使うことは遅延した。

　清仏戦争で銃砲の外国依存が問題とされ，1885年以降，国産の原材料を利用して銃砲を生産するために，銃砲の自主開発を行いながら，原材料の鉄鋼を国内で生産する体制を整えることにも力がそそがれるようになった。しかし，日清戦争勃発時までには，新しく開発された国産の銃砲を全軍隊に行き渡らせる体制は実現しなかった。

2　主な兵器の種類別生産情況
(1) 単発銃

　1860年代から後装式単発銃は，清国へ輸入されると同時に模造も始まっていた。1870年代に輸入された主なものを挙げると，イギリスの李恩飛，マルティニ・ヘンリー，スナイドル銃，アメリカ産のレミントン銃やフランス産の旧式モーゼル銃などだった[303]。江南製造局では，1867年から，アメリカから輸入したレミントン銃を生産した。1867年から1874年までの7年間は，5,942挺を生産した。1876年から1890年までの間は合計30,642挺を生産した。この銃は爆発事故をしばしば起こしただけでなく，旧式化したため，制式銃に採用されず，改造が施されて各軍隊の平時の訓練で使用された。金陵機器局の生産

したものは武器倉庫に収蔵された[304]。天津の機器局も，1877年から1880年の間に生産されたレミントン銃は北洋の軍隊に使われて性能が良かったが，輸入より生産費が高かったため，生産量が少なく，結局生産を停止した[305]。

江南製造局の銃工場は，1883年から1892年にかけて，アメリカ人リー (Lee) の製造した後装施条銃を1,722挺生産した[306]。1890年からは後装連発銃が清国へ輸入され，製造も試み始められたため，このリー銃もまた，全国の軍隊で一律に使われることはなかった。

1880年代半ばから1890年代の初めにかけて清国で生産した単発銃は，銃身に使う鋼材をすべて輸入に頼っていた。天津の機器局では不揃いの輸入機械と手作業を合わせて生産していたため，生産量が小さい割にコストが高く，短期間生産が行われて中止となった[307]。

輸入鋼材を加工して銃身を造る場合には，その質を保証するのが難しい。さらに，銃身を短くし，口径を小さくするなどの改造を施す場合，短縮軽量化の利点はあるが，使う銃弾のサイズ，発射薬の用量などもあわせて改良される必要があるため，これらの各要素の技術的な相互関係をうまく解決しなければいけない。後述のように1880年代半ばの清国では，まだ銃の輸入政策が続行されており，単発銃の国産化が始まったころには，連発銃が輸入されて注目を浴びるようになっていた。この連発銃の国産化と改造が準備段階に入っていたために，単発銃の改良は続けられなかった。

(2) 連発銃

連発銃が清国へ輸入されたのは，1880年代に入ってからのことであった。最初に輸入されたのは，アメリカ製の17連発のウィンチェスター銃とフランス製の五連発のホチキスなどである[308]。1890年，江南製造局の総弁であった劉麒祥の提案が政府の承諾を得て，新しい連発銃製造用の機械を揃えることとなった。これを受けて，イギリス製の連発銃をモデルに，中国人と外国人の職人らが協力して，最初の五連発銃（快利銃）を生産した。この銃の口径は11ミリメートル，銃身は141センチメートル，重さは4キログラム，銃弾の重さは26.5グラム，発射には無煙火薬を使用し，射程は2,700メートルであったとい

う。試射したところ，270メートル先の厚さ7ミリメートルの鋼板と，厚さ13.2センチメートルの木板を貫通した。同じ量の黒色火薬を使うと，厚さ7ミリメートルの鋼板を貫通することができ，その性能と威力は当時のモーゼル銃やレミントン銃よりも優れていた[309]。

1891年にはこの新しく開発された連発銃にさらに改良[310]を施した。同じ年に天津の機器局でもオーストリアのマンリッヒャー連発銃をモデルに開発した連発銃の実験が行われた。この銃の銃弾の装填がより便利で，発射威力が増し，射程が増大した[311]。ところが，天津機器局での連発銃の生産が実現していない。これに対して江南製造局1892年から生産を開始した。1892年と1893年にそれぞれ460挺と578挺を製造した[312]。1894年には1,224挺の新快利銃が製造された[313]。生産量が連年増える傾向にあった。しかし，いずれにしても製造量はあまりにも少なかった。このため，全国の軍隊が使用する標準銃となることはなかった。

(3) 後装式施条砲

1860年代から清国は兵器工場を建設し，西洋の進んだ新しい技術や機械を導入して，最新鋭の砲を製造し始めた。1870年代は，最新兵器で国防を強化するという方針の下で，ヨーロッパで名高かったアームストロング，クルップ，クルーソン（格魯森―クルップの支社）などの兵器会社の新製品である，後装施条砲を輸入するようになった。輸入数は次第に増え，重火器の使用に関する技術書は翻訳されたが，国産化に関して参考になる技術書は，1872年に翻訳された『兵船砲法』と1877年に翻訳された『回特活徳鋼砲説』の2種だけであった。これらの書物には重火器の製造方法は書かれていたが，当時の清国はそれを生かして兵器生産を行うための設備も原材料も用意できなかった。

1880年代に入ると，重火器の輸入コストが高いため，国産化への努力が進められた。後装砲の国産化を最初に始めたのは，金陵の機器局であった。ここでの後装砲の製造は1884年から始まった。金陵の機器局で生産された最初の製品は，クルーソン式の口径37ミリメートルであり，2ポンドの砲弾を発射できる大砲であった。砲車に載せて発射することもでき，機動野戦に適した軽

量型の砲であった。清仏戦争の間は，ここで生産された後装式施条砲が，雲南省へ4門，台湾へ6門提供され，これらの地域の防衛戦を支援した[314]。この種類の火砲は1890年代の後半に毎年48門生産された[315]。

江南製造局の重砲製造状況から見れば，1868年から1873年までに，各種類の銅や鉄製の前装重砲が110門製造された[316]。1874年以後，表12に見るとおり，主に各種類のアームストロング前装式鋼腔熟鉄箍砲を生産した。江南製造局は1888年からアームストロング式後装砲を製造しはじめた。1890年からこの式の海岸砲と艦載砲を製造するようになった[317]。これらの砲のほとんどは沿江，沿海の砲台に設置された[318]。

以上の通り，清国の兵器工場の銃砲の製造は西洋の先進兵器の後を追うように行なわれていたが，いずれも量産段階には達し得なかった。長期的に見れば，この国産化の努力が兵器生産技術の蓄積のためには重要であったことは間違いないが，国産の銃砲で国防のためのすべての需要に答えることは到底できなかった。

結局，軍隊の兵器の統一をはかり，戦闘力を向上させるには，大量の経費を投じて，外国から兵器を輸入するほかなかった。1885年2月，清仏戦争後の海防の状況から軍器の独立が急務と見た左宗棠が上奏し，国産の鋼鉄で，鉄甲船や後装大砲を製造する計画について語った。しかし，ほぼ10年が経った1894年に至っても，銃砲製造用の原材料から銃砲に至るまでのすべてを外国からの輸入に頼るという，いわゆる「銀と鉄を交換する」方式を変えることはできなかった[319]。

日清戦争の前半期に使われた清国の陸軍の主力兵器である銃砲のほとんどは，欧米産の後装銃砲であった。戦争が進むにつれ，清国軍隊の敗退が続くなか，要塞地の武器倉庫に保存されていた大量の銃砲や弾薬は日本軍に鹵獲され，西洋から輸入された先進兵器が清国軍に供給されなくなった。戦争中に，金陵機器局の生産した後装式抬銃の射程が遠く，速射砲より使いやすかったため，戦争の後半期にこれを増産して緊急事態に対応した[320]。

第 2 節　西洋の銃砲の国内生産

表 12　江南製造局産アームストロング鋼腔熟鉄箍（鋼）砲と砲弾の生産状況[321]

砲名	火砲生産量（門）	砲弾生産量（個）		生産年
		実弾	榴弾	
7 ポンド鋼砲	1			1888
		12		1889
	1	31（鋼弾 7 個を含む）	433	1892
9 ポンド鋼砲	1			1882
		12		1889
40 ポンド砲	4			1878
	13			1879
		2,610	2,211	1880
			19	1881
				1882
	4	3	100	1883
	2	542	2,021	1884
		1,133	1,211	1885
		891	889	1886
		1,300	1,000	1887
		1,200		1888
		100		1890
		920	1,110（速射砲用鋼弾 30 個を含む）	1891
		3,010	2	1892
		510		1893
		1,001	1	1894
80 ポンド砲	4	461	140	1882
	6	1,269	1,920	1883
	9	695	1,750	1884
	3	340	952	1885

第 3 章　西洋軍事技術の移植政策（1875～1894）

		508	1,393	1886
	1	720	10	1887
	3	400		1888
		1,866	400	1889
		1,221（鋼弾 4 個を含む）		1890
		381（鋼弾 31 個を含む）		1891
		872		1892
		10（鋼弾）		1893
	6	18		1880
	8	102	84	1881
	6	2,433	1,356	1882
	2	10	1,207	1883
	5	651	657	1884
	1	657		1885
				1886
120 ポンド砲		843	5	1887
		400		
		450	1,821	1890
		2,196	250	1891
		1,092（鋼弾 2 個を含む）		1892
		700	430	1894
		200		1893
	7	27		1886
	6	210	182	1887
	3	691	182	1888
		781	953	1889
180 ポンド砲	1	475	166	1890
	1	248（鋼弾 20 個を含む）	323	1891

第 2 節　西洋の銃砲の国内生産

		89（鋼弾 19 個を含む）		1892
		8（鋼弾）		1893
180 ポンド隠顕鋼砲	1			1888
250 ポンド砲	2	236		1888
	2	24	200	1889
	7	400	448	1890
	3	526	120	1891
		942（鋼弾 2 個を含む）	444	1892
	1	862（鋼弾 24 個を含む）	1,022	1893
		540（鋼弾 24 個を含む）	409	1894
800 ポンド鋼砲	1			1890
	1			1891
	1	259（鋼弾 4 個を含む）	462	1892
	1	300（鋼弾 29 個を含む）	157	1893
		7（鋼弾）		1894

(4) 砲弾の製造

　清国は，西洋の銃砲の輸入と国産化を並行して行うと同時に，軍隊の平時の訓練や戦時に大量に消耗される弾薬の製造も積極的に行なった。1860 年代初めから建設されたほとんどの兵器工廠は砲弾の生産部門をもっており，なかでも，江南製造局の砲弾廠，天津機器局は生産の規模が大きかった。1870 年代半ばまでの間に，各兵器工廠は 12 ポンドから 68 ポンドの球形実弾や銅・鉄製の榴弾を生産・使用してきた。国産の砲弾は需要に見合っていたが，西洋のものに比べて質が劣るため，1874 年以降，西洋の新式の砲弾を国産化した[322]。

　表 12 から解かるように，江南製造局は，1874 年から 1894 年にかけて，各種類の大砲を国産化すると同時に，それらの砲が必要な各種の長弾を数多く生産した。1890 年から江南製造局は生産量が僅かながら各種の鋼弾を製造し始めた。天津機器局は 1876 年から前装式火砲が使う各種の榴弾と後装式ライフ

ル鋼砲が使う，鉛套式砲弾[323]を生産するようになった。1876年に各種の榴弾を68,000個あまり，鉛套式砲弾を2,000個あまり生産した。1877年には榴弾を58,000個あまり，また後装砲弾を4,000個あまり生産した[324]。1878年には前装榴弾を63,042個，鉛套式砲弾を5,444個生産した。1879年に前装榴弾を66,574個，鉛套式砲弾を9,661個生産した[325]。1880年に，前装榴弾を35,430個，鉛套式砲弾と銅帯式砲弾を合わせて，7,870個生産した。1881年に前装榴弾を21,680個，銅帯式砲弾を5,792個生産した[326]。1882年に前装堅鉄榴弾を1,742個，銅帯式砲弾を7,326個を生産した[327]。1888年から新式鋼弾を生産するようになった[328]。この生産状況から見れば天津機器局の砲弾生産能力の向上は著しいものであった。江南製造局と天津機器局はほぼ同時期に鋼弾の生産を始めている。

(5) 火薬

1867年から1884年にかけて，清国政府は，天津機器局火薬廠・江南製造局火薬廠・山東機器局火薬廠，及び金陵機器局火薬廠・広州火薬局・浙江火薬局などの火薬専門工場を相次いで建設した。このうち，規模が大きかったのは，天津機器局火薬廠と金陵機器局火薬廠であった。これらの火薬生産工廠は，設立されてから1887年までの間は，主に黒色火薬を生産した。当時，黒色火薬には主に硝石・硫黄・炭の比率は75％：10％：15％のものと，硝石・硫黄・炭の比率は75％：12.5％：12.5％の二種類の良質な発射薬があった[329]。この二種類の発射薬のうち，前者は，銃用の発射薬で，後者は，砲用の発射薬である。

江南製造局の生産した火薬は，主に近隣地域の需要に答えたが，金陵機器局の産出した火薬は，量も最も多く，主に南洋の各軍隊に提供された。天津機器局の火薬は主に北洋の各軍隊に提供された[330]。

1880年代に入ると，海防軍備は進展し，イギリス製のアームストロング後装式施条砲とドイツ製のクルップ後装式施条砲など各種の沿岸砲と艦載砲の輸入と国産化が進んだ。そのため，当時西洋で使われた無煙火薬とドイツの新しい製品である栗色火薬を輸入と国産化する必要性が生じた。そこで，1881年

から天津の機器局で無煙火薬の実験と栗色火薬の生産準備が始まった。1884年には無煙火薬の製造にも成功し，李鴻章は無煙火薬の製造工廠の建設を提案したが，機械設備が輸入できず，天津の機器局は生産開始には至らなかった。1887年に，李鴻章は，栗色火薬を購入すると同時に，製造機械設備も輸入して，天津で製造させた。1892年と1893年に，江南製造局では無煙火薬と栗色火薬の製造が始まった[331]。金陵機器局では，清仏戦争の際，すでに綿花火薬[332]が生産されていた[333]。これから見れば，無煙火薬の生産においては，金陵機器局はほかの機器局より先を進んでいた。

一方，当時日本では，下瀬雅允によるピクリン酸火薬の開発が進められていた。これは日露戦争において大いに威力を発揮している。下瀬火薬は必ずしも日本独自の発明ではなかった可能性もあるが，先進国の後追いに終わる清国の状況とは対照的であった。

第3節　兵器の標準化の問題

19世紀の初め頃，雷管式の発火装置を用い，銃腔にらせん状の溝を刻んだうえで，鉛玉をさく杖で突いて溝と圧着させ，弾丸にスピンをかけて威力を増大させる前装式施条銃が現れた。1840年代から50年代にかけて，弾丸に関する技術改良により，弾丸の装填にかかる手間が省かれるようになった。その結果，フランスやイギリスでミニエ銃とエンフィールド銃がそれぞれ軍隊の制式銃に採用された。その後，10年も経たないうちに，雷管と弾薬が一体化した弾薬筒が発明され，銃身後尾から弾丸を装てんする工夫が施された。これによって後装式施条銃が誕生し，フランスやイギリスの軍隊は後装施条銃のシャスポー銃とスナイダー銃をそれぞれ標準化された銃として採用した。その後も，火薬と弾丸，発火装置の技術改良が進み，さらに取り扱いやすく，威力が増した後装式施条銃が欧米諸国で次々と登場するようになった。1870年に日本の明治政府はエンフィールド前装式施条銃を後装式に改装して標準銃として採用した。1877年の西南戦争を経て，明治政府は輸入兵器を使った戦時対応がさまざまな不便をもたらしたことに鑑みて，国産兵器の開発に取り組むように

113

第 3 章　西洋軍事技術の移植政策（1875～1894）

なった。そこで 1880 年に国産の歩兵銃である十三年式村田銃が生産され，日本陸軍の標準銃として採用された。

　兵器の標準化は，一国家の政府が兵器生産の管理や兵器の使用において不可欠の施策である。

　1860 年代に入って後，正規軍の兵器を改める必要に気付いた清国政府は，1870 年代の初め頃までに兵器の輸入と国産化を並行して行っていたが，火器の制式を決める必要性に気付いたのは 1870 年代半ばであった。1874 年の海防討論の際に，ジケルの提言した海防軍隊の兵器の制式の統一が，清国政府に注目されたのである[334]。

　総理衙門の提示した議論のうち，「簡器」，すなわち兵器の選択についての項目は，鉄甲船を打ち破れるイギリスの最新鋭の大砲やそれを乗せる船などの使い方を習得することを指示しており，さらに，各省の軍艦に使う火砲も一律に用意し，訓練も一律に行なうことを要求していた。各軍隊の使用する銃についても，制式を統一し，一律に訓練するよう明確に指示していた。西洋の最新鋭の銃としては，当時アメリカのレミントン銃とイギリスのマルティニ・ヘンリー銃が取り上げられ，後者が最も優れているとされた。そのうえで，兵器の面で戦う相手より劣勢にある場合，勝利することは困難なため，必ず最新鋭の銃を一律に用意する必要があるとの説明が加えられていた。また，以前購入した銃の中でまだ使えるものを廃棄することは無駄であるため，そのまま使っても構わないとしたが，一つの軍隊の主力部隊の銃を一律に用意できない場合であっても，海軍の主力船の銃の制式は必ず統一するように指示を出した[335]。

　結局のところ，第一次海防討論の際，海防軍備は南北両洋に分けて行われることが決まったため，清国政府には全国の軍隊を指揮統率して，兵站の確保や作戦の策定を行う参謀本部の創設する制度上の改革が議論されず，兵器の統一は一軍隊の戦闘力の向上に必要であると認識するにとどまっており，これによって弾薬補給が合理化され，兵器の量産が可能になることは想定できず，また兵器統一が各軍の協力に必要不可欠であることにまでは，認識は及んでいなかった。

　第一次海防討論当時の清国の沿海各省の陸海軍の兵器装備の情況は，海防大

臣の李鴻章と沈葆楨のやりとりから窺い知ることができる。1875年4月15日，沈葆楨が出した手紙への返事のなかで，李鴻章はジケルの提示した各省の銃砲の統一に同意を示している。また，江南製造局の建造した軍艦や，北洋の陸軍と海岸砲台で使われる銃砲はすべてクルップ産のものであったのに対して，福州船政局が建造した軍艦の艦砲は種類が多くて良質のものが少ないため，よいものを選定するのがよいと提言していた[336]。

このように李鴻章の管轄下にあった軍隊にはすでにクルップ産の銃砲が配置されており，政府が決めたイギリス産の銃砲に買い換えることは困難であった。そのため，海防討論の後，清国政府は全国の主要部隊が一律に使う主力兵器の標準化に関する明確な指示を出すことはなく，清国軍の銃砲の具体的な統一は，各軍の指揮者や各省の軍事を統轄する督撫の判断に任せられることとなった。

なお，当時の清国政府が兵器の標準化の意義を十分に理解していたとしても，さらに以下のような五点の事情が銃砲の制式の決定に影響することになる。

第一に，西洋の後装銃砲を購入するにせよ，国内の工場で生産するにせよ，莫大な軍費が必要である。1870年代初頭，国内の農民反乱はほぼ治まっていても，北西の領土返還問題は解決されておらず，軍事行動が続いていたため，財政難から立ち上がれない状態が続いていた。第一次海防討論の際，将来的に外国産の銃砲に頼らないようにするため，西洋の先進兵器を購入したうえで国産化することで経費を節約しようという提案もあった。そのため，外国から後装銃砲を購入する際には，国内生産が可能かどうかも考慮しなければならず，型式の選択に却って迷いを生じさせることとなった。

第二に，国内戦争の際に購入した西洋の前装銃砲は，すぐに陳腐化したが，これを廃棄して，新しい後装銃砲に切り換えると，多くの経費が無駄になる。一方で，前装の銃砲を引き続き使うためには，改良加工をしなければならないが，これにも技術や資金の面での困難があった。短時間で軍隊の兵器のすべてを西洋の最新式に切り換えることは，容易ではなかった。

第三に，19世紀半ば以降，世界中の至る所へ植民地支配を広げていた西洋列強は，新しい武器の開発にしのぎをけずっており，銃砲製造技術は日進月歩の勢いで改まっていた。次々に機能の優れたものが産出され，戦争のありかた

第 3 章　西洋軍事技術の移植政策（1875〜1894）

を絶え間なく変化させていたために，どの兵器を選択しても，何年も持たずに旧式化する恐れが十分あった。

　第四に，清国は，1860 年代から 70 年代初頭に至るまで，西洋諸国へ公使を派遣しておらず，民間の商人が西洋へ渡って貿易活動に参加することも稀だった。そのため，この時期の西洋兵器の入手は，主に，清国の開港場に出入りする外国人商人から購入することにのみ頼っていた。こうした兵器の売買情況は，清国が西洋の兵器生産国の生産情況や値段について正確な情報を得るには，不利であった。そのため，清国の軍隊に確実に役立つ最新の銃砲や弾薬を購入する経路を確保することは難しく，どの国のどの銃砲を制式兵器として決めればよいのか決断を下すのは，当時は困難であった。

　第五に，制式兵器の規格の一定を保つためには，全国統一の標準化された度量衡制度が完備される必要があるが，この点について清国は大きく遅れていた。清朝末期，官僚の不正行為により度量衡制度には乱れが生じていた[337]。1840 年の第一次アヘン戦争以降，列強の清国への進出が始まり，国際貿易が段々盛んになっていくうちに，諸外国の度量衡制が通商地域で使われるようになり，清国の度量衡制度には更なる混乱が起こった。この状況の改善に清国政府が本格的に乗り出したのは，1903 年からのことである。長期に渡って度量衡制度の乱れを是正しないままであったために，兵器と軍需品の標準化は現実的ではなかったと言える。

　1874 年の第一次海防討論以降，1878 年にかけて，各省は政府による兵器規格の決定を待たず，各自で，欧米諸国から，当時世界中に高い評判を得ていたいくつかの銃砲を手当たりしだいに購入した。その結果，陸軍・海軍及び戦艦や砲台などに様々な銃砲が分配・配置されることとなった。この情況が清国政府に問題視され，兵器の標準化の必要が意識されるようになったのは，軍備に参加した人員の外国での見聞を通じてのことである。1877 年 11 月から 1878 年 8 月まで，清国のドイツ駐在公使として派遣された劉錫鴻は，「附籌辨海防画一章程十条折片」という上奏文において，以下のようにのべている。

　　　銃砲は大小問わず，すべて制式を統一して，各省一律に使うべきである。

第 3 節　兵器の標準化の問題

まだらなままにしてはいけない。銃砲の制式が違えば，使う火薬も違い，ほかの省へ派遣される場合，お互いの兵器の操作に慣れず，兵器の威力を発揮できない[338]。

　劉は兵器の標準化の重要性を明確に訴えている。このように，1878年ころになってようやく，海防軍備の最初期に各省が独自に兵器の西洋式への切り換えに際して多様な銃砲を購入したことの弊害が，清国官僚大臣たちの注目を集めるようになった。

　しかし，現実には，財政上の困難から，国内工場での生産も外国からの購入も十分には行われず，陸海軍の兵器が最新鋭の銃砲に統一されないまま，清仏戦争に突入せざるをえなかった。

　1878年における清国の兵器の標準化政策を議論した最初の研究者であるケネディーは，総理衙門が，1名の専門官を任命し，以て江南製造局と天津機器局という清国の二大軍事工場に対する支配権を行使し，且つその操業が密接に協調して行われることを確実にするための施策，すなわち全国で使用される軍需品を一つに標準化して生産することを通じて，清国政府が江南製造局だけでなく他の主要軍事工場で南北両洋大臣に対する優位を確保しようとした措置であると判断している。さらにこのように南北洋の間に一律の標準を押しつけようとする清国政府の提案を李鴻章と南洋大臣が避けたため，清国の兵器の標準化は遅延したと見ている[339]。

　このように1878年に清国政府（総理衙門）が両洋大臣に提案した兵器生産の標準化を，全国の軍事工場，特に主な軍事工場の直接支配権を中央に掌握するために政府がとった手段の一つとしてのみ理解するのは不十分であるように思われる。

　清国政府は海防軍備戦略を行うために南北両洋大臣を配置したが，彼らは地方での軍事工場の生産の指導や軍隊の組織など軍備に関する行動をとる前に必ず，実行策を練って総理衙門へ上奏し，中央政府の許可を得てから，或いは新しい政策や方針が決定された後に実行をする責任を負っていた。これから分かるように，南北両洋大臣はつねに中央政府の直接管轄下にあって中央政府の軍

第 3 章　西洋軍事技術の移植政策（1875〜1894）

事政策を実行する機関の役割を果たしていた。彼らに政府の政策決定に助言をする役目はあったが、自主的に行動を起こす権力は与えられなかった。そのため、清国政府が、兵器の標準化生産を促すことを通じて、主要な兵器工場の武器生産を管理する権力を中央でコントロールし、南北両洋大臣から優位になろうと努める理由はなかったと言える。

既述のとおり、1875 年から 1878 年にかけての清国の兵器輸入政策の実行状況から解かるように、李鴻章は 1874 年から 1877 年にかけて 4 ポンドのクルップ産火砲を購入して、陸軍の野砲の口径を統一する活動を積極的に行っていた。後述のとおり 1878 年に清国政府が兵器の標準化生産を行う政策を議論した後も、兵器の統一を拒むことはなく、国産における標準化を試みた努力が覗かれる。李も標準化の必要を理解しており、またそれを進めようとしていたことが分かる。

1875 年から 1885 年の間は、清国政府は外注によって防衛要所に配置される主要な陸海軍部隊の兵器を賄う政策を実行しながら、技術者をヨーロッパへ派遣して後装式銃砲の生産技術を学ばせ、国内で西洋の先進兵器を生産する諸準備を行っていた。ただし、この兵器製造の技術移転を行う準備期間において、国内での兵器生産の状況を記録した資料は少なく、1878 年に兵器の標準化が一度議論されたことが確認できるのみで、その後の 7 年間に標準化が具体的にどの程度実行されたかは定かではない。

なお、大砲の生産においては、全体的に見て前装式を後装式に統一することが重視された。1880 年代には金陵機器局が 2 ポンドの小型の後装施条砲を製造し続け、南北両洋の軍隊に提供していた。江南製造局は 1870 年代から主に大型の前装海岸砲と艦砲を生産し、1880 年代末になって主に大型の後装施条砲の生産を始めた。文献資料では清国政府と南北両洋大臣のどちらが大砲の制式を決めたかは明らかではないが、南北両洋の軍隊が使う兵器を生産した金陵機器局と江南製造局の生産状況から見て、両局はそれぞれ一定の決まった種類と規格の大砲を生産していたことが分かる。

既述の通り、1885 年にフランスとの戦争をなんとか収束させた清国政府は、第二次海防討論を行った。その際、陸軍・海軍の兵器の制式の問題は、再び、

沿海各省の海防を司る督撫，将軍などの注目を集めた[340]。1885年から1894年の間に，国外からの購入よりも兵器の国産化を重視するようになると，国産銃の標準化が度々議論されたが，制式銃が開発される段階で中断してしまった。ただし，清仏戦争の後には，清国は主にロシア・日本の脅威から国を守るために，北洋での防衛体制の構築へと海防軍備の重点を移したので，，当時北洋海防を担当した李鴻章は，莫大な海防経費を費やして外国から兵器を購入することができ，1894年に日清戦争が勃発するまでに，麾下にあった淮軍，北洋艦隊及び北洋海岸砲台や砲台の護衛任務に当たる軍隊の兵器を，当時の最新鋭の銃砲に買い換えることができた。

　1895年以降，日本の軍隊に負けた清国政府は，陸軍の組織と訓練を行うようになった。軍隊の制度も本格的に西洋式に切り替えられるようになり，兵器の制式の決定も一段と重要視されるようになった。1898年6月から1899年6月の間の二回ほどの上諭で，全国の各兵器工廠では，連発銃や速射砲の口径，銃弾や砲弾の重さ，製法の統一を徹底して行うことが指示された。また，有事の際，各省はお互いに兵器を提供し合い，不足を補うようにすること，また，経費の無駄使いをなくし，兵器の品質の向上を図るべきことも指示された[341]。これが実行されたのは，1906年からのことであり，このとき，陸軍の銃の口径を6.8ミリに，野砲と山砲の口径は75ミリにそれぞれ決定された。

　以上の通り，清国における兵器の西洋化は1860年代から始まるが，標準化の必要が気づかれるのは1874年の第一次海防討論を契機としてのことであった。以後，主要部隊の兵器の統一は国産化と輸入の双方を通して試みられてきたが，1878年以降はその必要はさらに強く認識されるようになった。ところが，以後およそ20年間，清国には財力と工業生産体制に問題があったために，この目標を実現するための具体的な政策を打ち出すことはできなかった。1890年代末から1900年代初めになってようやく，清国政府は兵器の標準規格の決定を断行するようになったのである。

第 3 章　西洋軍事技術の移植政策（1875～1894）

お わ り に

　上述した内容を要約すると，1875 年から 1894 年にかけて，李鴻章の主導の下で，海防整備の進展に伴い，各時期に必要とされた西洋の軍事技術は江南製造局の翻訳局で翻訳された兵学書を通して清国へ紹介された。また新しい軍備に必要な軍事技術者を育成するために清国内の軍事学堂で外国人教師を招いて技術の伝授を続けると同時に，海外における教育機関を利用した軍事技術者の育成活動も行われるようになった。また新しい海防軍備に欠かせない先進兵器を国内で生産・供給する体制を構築するための努力も払われた。

　こうした西洋の軍事技術の導入や西洋の先進兵器の国産化の試みに関する政策が，清国の兵器生産力の向上に役立ち，軍事力の向上にもつながったことは間違いない。しかし，1875 年以降清国では，兵器の国産化のための技術は著しく向上したものの，全国規模での兵器の標準化や，兵器の国内生産・供給体制の構築への着手は遅かった。このため，1894 年までに，国産の原料で製造された兵器の標準化生産は実現しなかった。

第4章　北洋海防体制の構築（1880〜1894）

はじめに

　1875年から行った陸海軍の武器装備の輸入活動を経て，1880年に北洋の海防が急がれた際，兵器装備の直接輸入ルートが開かれた。輸入兵器による陸海軍の整備は進むにつれ，李鴻章は政府の軍備強化戦略になかった西洋の新しい用兵術の導入を積極的に推し進め，北洋における海防体制の建設が進展した。

　本章では李鴻章が1880年から清国の海防において中心課題となった北洋の海防軍備を行った歴史的な背景，および具体的な過程とその成果を概観する。

第1節　1880年段階での清国の外交・軍事における課題

　1880年から始まる北洋海防体制の構築について検討するのに先立って，以下では，当時清国が直面していた外交・軍事面での課題を概観する。

　1870年代の初頭，ロシアがイリを占領し，清国の領土を西側から蚕食し始めた。1878年の6月からはじまった，清国とロシアの間で行われたイリの領土返還に関する交渉は難航した。1879年10月2日，清国政府はロシアとの交渉のため崇厚を特使として派遣した。崇厚は，ロシア側の圧力の下で，清国政府と密接に連絡をとらずに，「ヴァディア条約」(Treaty of Livadia) を結び，イリ返還の代償として，広大な領土をロシアに割譲するなど，清朝の利益を著しく損なう条目を含める条約に調印した[342]。

　条約締結の報が清国に伝わると，政府や官僚たちの不満を呼び，一時戦争の機運が高まり，1880年初めには，一触即発という情況になっていた[343]。こうして，ロシアとの間に緊張した関係が続くなか，李鴻章は，1879年の冬から，ロシア側の情報を入手していたが，詳細は確認できないままでいた。李が入手

第 4 章　北洋海防体制の構築（1880～1894）

したものの中には，ロシアが甲鉄艦などの軍艦20隻以上を派遣し，陸軍や軍需品を吉林省から近い海参崴一帯に集め，朝鮮，あるいは清国の東北地方を窺っているなどの情報が含まれていた[344]。

　1880年9月，李鴻章はさらに，フランスの海軍提督瞿貝賚から，ロシアの海軍部の尚書であるリサフスキ（里沙士儿，または来沙弗斯基）が朝鮮の港を占拠し，清国の東北地域や北洋の水路を遮断する計画を進めているという情報を得た。またほかの新聞などの報道もほぼ同じ情報を伝えていることから，ロシアが清国の東北地方と朝鮮で軍事行動を起こす意図をもつことを確信した[345]。この緊迫した状況は冬にロシアの海軍隊が撤退するまでに続いた[346]。こうして，清国の北西部の辺境地域に起きたロシアとの領土問題が，清国の東北地域へ飛び火する可能性が高まりつつあった。

　ちょうどこの時期，具体的には1879年の春，日本が琉球処分を断行すると，清国政府は，初めて日本の動きに危機感を覚えるようになる[347]。これは，やはり弱小国であった朝鮮が日本の支配下に入れば，清国の首都の安全に直接関わってくるためであった。このように北洋の安全が脅かされると，李鴻章は第二次アヘン戦争の際，沿岸防衛における陸海軍の協力がなかったために敵軍が容易に上陸したことを教訓に，北洋を中心に新しい沿岸防衛戦略を実現することを決めた[348]。

第2節　李鴻章の防衛戦略の展開

　第一次海防討論の後，清国政府は南北両洋に分けて，海防軍備を行う指示を出したにもかかわらず，李鴻章は外国との様々な外交交渉，いわゆる洋務の全般を司ると同時に，陸海軍の建設に力を入れ，自分の計画した全国的な海防衛体制の実現を目指した。当初から全国の海防を視野に入れて防衛政策を提案した李鴻章は，1875年以降，「南北両洋の海防を分けるか，統一するか」[349]を明確に定めることもなく，自身の海防対策を実現するために動き出した。

　政府の指示に従って，すぐに南北両洋に分けて海防建設を行うのであれば，少ない海防経費がさらに両洋に分けられることで，それぞれが確保できる経費

はあまりにも少ないものとなり，海外から高価な最新鋭の艦船・銃砲を購入して海防を強化する計画は実行不可能になる。このように海防軍備を両洋に分けて行うことは軍艦など大金が掛かる軍事装備の購入に不利である。また，全国の陸海軍をまとめて指揮統率して，共同行動を行う場合，支障が生じやすい。

　第2章で見た通り，1875年から陸海軍による沿岸防衛建設は始まり，1879年までの間に，新式装甲艦隊の建設の遅延と軍隊運用に使う電信線・鉄道の敷設事業の遅れを除いて，海防に当たる陸軍の兵器の改善と訓練が行われるとともに，敵海軍による沿岸攻撃に備えた，沿岸要衝における砲台砲とモニター艦の購入と配置が行われた。1879年に琉球が日本に合併された後，清国の首都から近い朝鮮は次の獲物になるだろうと予想された。同時に，ロシアも清国を脅かすようになっていた。こうして，1879年から，陸・海軍の共同作戦による沿岸防衛戦略において欠かせないインフラとしての電信線・鉄道の敷設と，新式装甲艦隊の創設を中心とした陸海軍の整備が本格的に始まった。

　まず，清国における電信線と鉄道の敷設状況を見ることにする。電信線と鉄道が最初に軍事利用されるのが，1860年代初頭のプロイセンから始まる。プロイセンの参謀総長であったヘルムート・フォン・モルトケ（Helmuth von Moltke, 1800-1891）は，18世紀のナポレオン時代からヨーロッパで完成した大規模軍隊の用兵法を，産業革命の成果である鉄道，電信を軍事的に活用することによって，より迅速に，より集中的になしうるようにした。この用兵法がモルトケの作戦計画の実行を保障したため，1866年のオーストリアとの戦いでプロイセン軍を勝利へ導いた[350]。既述のとおり，この用兵術は1874年の海防討論の際，李鴻章が提示した海防戦略のなかで具体的に計画されていた。

1　電信線の敷設

　1840年代にアメリカ人のモールス（Samuel Finley Breese Morse, 1791〜1872）が電信機を発明した後，西洋では電信会社が設立され，電信事業は世界中に広がっていった[351]。電信技術は1850年代の初め頃，マッゴウァンが翻訳した『電気通標』を通じて清国へ伝わっていた[352]。1861年にロシアが清国政府に電信線の敷設を勧めたが拒否されている。その後，各国も同じ働きかけをしていた。

第4章　北洋海防体制の構築（1880〜1894）

　1865年まで，清国政府は電信の利用を拒んでいたが，李鴻章は賛成の意思を示していた。1870年代の初期，清国の辺境問題が盛んに起こり，軍事行動も頻繁になっていた状況を踏まえて，西洋では電信線が軍事に利用されていることを知った李鴻章は，軍隊運用のための情報伝達の効率化のために，台湾のような辺境地域だけに電信線を敷設するのではなく，広大な大陸での電信線の軍事利用をも重視するようになった。しかし，清国政府の許可を得ていなかったため，電信技術の移植は遅れ，1870年代の後半まで遅延した[353]。

　西洋の電信技術が，李鴻章の海防軍事技術システムの一要素として整備されることとなったのは，1874年の第一次海防討論の時期である。1874年末，李鴻章は，『籌議海防折』において，西洋諸国が鉄道や電報などを，軍隊の迅速な運用のために使用していることを説明し，鉄道と電報の導入を提案した[354]。これを受けて，清国政府は，台湾で試行することを決め，1877年に台湾の高雄と基隆を結ぶ電信線が建設された[355]。

　その後，李鴻章は，1879年に，天津と北塘の海岸砲台を結ぶ電信線を敷設したが，これ以外に，大陸では1880年までに電信線の敷設に進展はなかった[356]。1880年には，李は，遠方から軍隊を瞬時に動かしうる西洋の情勢を解説しながら，日本も西洋に学び，電信線を引くようになったことを例に挙げ，清国も情報伝達の時間を短縮するために，早く古い手段を変えて，電信線で南北両洋を結び，さらに全国へ普及する必要性があると政府を説得した[357]。この提案に対して清国政府の許可をえた李鴻章は，天津と上海の間を結ぶ電信陸線を引いた[358]。李鴻章は，政府の電信線によって南北両洋の情報伝達が瞬時に行なわれることは，軍務と洋務に有利であるとして，電報の便利さに感激していた。また，1882年に起きた朝鮮の壬午事変の際，電報があったために，情報を早く獲得して，日本より先に行動できたため，清国の主導の下で事件が解決されたとして，電報の役割を強調していた[359]。

　その後の清仏戦争の時期に首都と南の辺境地帯の一部の防衛区間を結ぶ電信線がほぼ完成し，政府と戦地との連絡が潤滑に行われた[360]。こうして李鴻章の主導の下で，1880年から1890年代までの間に電信の主要幹線が敷設され，全国的な電信網が形成された[361]。

以上で述べたとおり清国の電信事業は国家防衛を主目的としてその敷設が進展し，1880年から1890年代初め頃に起きた対外戦争や外交交渉において情報伝達の迅速化を実現した。

2　鉄道の建設

鉄道は，1825年にイギリスで敷設されて後，10余年の間に各国において採用されるようになり，鉄道の知識は世界中に広まっていった。清国へは1840年代にこの情報は伝わっていたが，政府はその採用を必要としなかった。1860年代に入って後，イギリスなどの列強は清国政府へ大陸での鉄道の建設を勧めるようになった。ところが，鉄道の得失について朝廷と大臣たちは一致した明確な認識を持っておらず，清国政府は，政府主導によっても列強の仲介によっても鉄道建設を実行することはなかった。1860年代には鉄道に関して清国政府と同じ見解を持っていた李鴻章は，北洋大臣になった後，辺境問題が盛んに起こっていた1872年頃から，鉄道は内陸における軍用物資の輸送や軍隊の派遣に必要不可欠だと見るようになった[362]。1874年には鉄道を新しい海防軍事戦略の実行に欠かせないインフラと認識するようになり，鉄道の用兵における役割は次第に清国政府に受け入れられるようになる。

従来の中国の鉄道の歴史に関する研究（1980年代から増加している）では，19世紀後半における清国による鉄道の導入の過程は，主として経済史，政策史，人物史の視点から行われてきた。軍事史或いは軍事技術史の視角からの研究は少なく，李国祁が，李鴻章が1870年代から鉄道の敷設を主張するようになった理由は，国防のためであると述べるに留まっている[363]。そこで以下では，清国の鉄道建設と李の海防軍事戦略との関係を明らかにし，1875年以降，李による鉄道の敷設が海防軍備を目的として行われたことを具体的に論じることにする。

まず，李鴻章の主張が清国政府に受け入れられたのちに始まった鉄道の敷設の状況を見よう。

1874年末の第一次海防討論の際，李鴻章は，西洋諸国が鉄道を海岸沿いまで敷設し，海からの攻撃に迅速に応戦していることを説明した[364]。ところが，

第4章　北洋海防体制の構築（1880～1894）

中国本土に鉄道を敷設することは一部の官僚たちに反対された。このために，大陸を走る鉄道幹線が敷設されることはなかった[365]。

しかし，1880年12月31日，李鴻章は「妥議鉄路事宜折」という長い上奏文の中で，西洋の国々を例に挙げ，鉄道は商業や工業など国内経済の発展に欠かせないインフラであるとともに，有事の際，陸軍を運ぶのに役立つと強調した。特に，中国の辺境や海岸の防衛線は長く，いたるところに軍隊を置くことは経済的に無理があり，兵員を増やし，経費を足しても，必要にこたえることはできない。一方で，鉄道を利用すれば，少ない兵力を必要な場所へ迅速に運ぶことができるため，経費は節約でき，兵力の機能を十分に発揮できる。李鴻章は，こうした理由を挙げて，早期の鉄道敷設を促していた[366]。

この主張が認められると，李鴻章は，開平炭鉱から北塘口へ石炭を運ぶための鉄道を敷設する計画を立てた。しかし，反対意見が強く，唐山から途中の胥各庄を結ぶ10キロメートルの区間に鉄道を建設することのみが許された。これが，清国政府の許可を得て，1881年末までに李鴻章が主催し，イギリス人エンジニアのキンダー（Claude William Kinder, 1852～1936，中国名は金達）が設計した，中国初の唐胥鉄道である[367]。

その後，清仏戦争で軍隊や軍用物資の運搬に不便を痛感した清国政府は，1886年から李鴻章が提案した北洋において軍事利用を主な目的とした鉄道の建設を支持するようになる。そこで，1887年に，この唐胥鉄道を大沽，天津まで延ばし，軍隊や軍需品を運ぶ線路にすることを決めた。

1888年，李鴻章はさらに天津から首都近辺の通州までを鉄道で結び，陸路と水路をつなげて，兵員や軍需品を運輸するルートにするとした。しかしこの案は，有事の際，鉄道が敵の侵入を助けるなどの観点から，政府の一部の権力者たちに反対され，実行できなかった[368]。

一方で，1889年に張之洞の提案した，盧溝橋から漢口に至る鉄道の建設は準備段階に入った[369]。張は，前期には鉄・鋼の工場を創設し，後期には国産の鉄鋼を使って鉄道の敷設に取り掛かるという構想をたて，これについて李鴻章の協力を得ようとした。自分の計画が却下された李鴻章は，張之洞の計画には興味を示さなかった。この時期に，ロシアによるシベリア鉄道建設の計画に

ついての情報が伝わると，1890年3月，李鴻章は，東北地域と朝鮮がロシアと日本の脅威に晒されていると政府に伝え，盧漢鉄道の建設よりも，関東鉄道の建設に力を入れるよう上奏した[370]。

これはすぐに政府に許可された。そこで李鴻章は，当時唐津鉄道がすでに唐山地域にある林西鎮までに伸びていたため，これにつなげて，さらに山海関・吉林・瀋陽・牛荘・営口までに延長し，関東鉄道幹線にするという計画を立てた。1891年には，李鴻章は，山海関に北洋鉄道局を設置し，実際の工事を任せた。1894年の春には，林西鎮から山海関までの100キロ以上の区間が開通した。しかし，鉄道の建設経費は慈禧太后の還暦祝いのために流用され，鉄道の建設は中断された[371]。

北洋の鉄道の建設が中断された理由としては，以下が考えられる。

1891年にシベリア鉄道の建設がはじまった当時，これが軍事利用されることが危惧されていた。しかし，1893年10月21日，シベリア鉄道の建設によって，自国の商工業の発展を促し，清国や日本との貿易を拡大するというロシア政府の計画が報道されると，建設の主要目的は次第に明確になってきた。この情報をえた李鴻章は，甲申事変以降，ロシアが朝鮮へ侵入しなければ，日本も朝鮮に手を出さないと信じていたこともあり[372]，シベリア鉄道の建設がはじまった当初に抱いていた，軍事的危機感を薄れさせていった。そのため，鉄道建設経費が慈禧太后の還暦祝いのために流用されることに反対せず，1894年4月に建設を中断してしまった。

これに対して，1891年以降，日本の軍隊の鉄道を用いた動員体制は整備され，1894年初めには，鉄道は，西海岸へ軍隊や物資を輸送するという需要に応じられる程度にまで完成されていた。一方，上述の経緯のため，同年7月，日清戦争が起こるまでの間には，李鴻章の陸・海軍協同作戦計画の準備は整わなかった。

第3節　陸・海軍の建設

陸海軍における兵器の整備の状況はどのようなものであったであろうか。以

第4章　北洋海防体制の構築（1880～1894）

下で見る通り，1875年から始まった輸入政策は，1880年以降さらに続行され，北洋における陸海軍の整備は進展していった。

1　兵器の改善を主とした陸軍の建設

　1870年代には，ドイツのクルップ社の火砲が海防に参加する遊撃部隊の兵器として清国へ輸入されるようになっていた。当時クルップ砲の輸入ルートはいくつかあった。そのうち，間接・直接の輸入を合わせておもな経路は三つである。

　まず，1870年代に兵器の需要が増えるにつれて，在清の外国の銀行や会社などが積極的に競い合ってクルップ社製の兵器を清国に輸入する仕事を請け負うようになった。また，当時清国政府で働いていた外国人も兵器輸入に関与した。このほかに清国政府は海外へ派遣した公使にも兵器の輸入を行わせていた。具体的には，1870年代からヨーロッパへ派遣された李鳳苞・許景澄・洪鈞らに火砲の買い付けの任務を負わせ，交渉をさせた[373]。これらの経路による輸入は順調に進み，1880年には，李鴻章は，清国を訪問したクルップ社の代表であるマンスハウゼン（Karl Menshausen，中国名は卡尔・曼斯豪森）に対し，今後淮軍が必要なすべての重砲をクルップ社から買うことを約束した[374]。

　この時期から，淮軍だけでなく，北方の防営もクルップ砲を購入するようになった。1880年，李鴻章は4ポンドのクルップ後装砲と2ポンドの後装山砲を18門ずつ買い，料金後払いで朝鮮に贈る計画も立てた[375]。また，醇親王奕譞が統轄する神機営も，李鴻章の勧めでクルップ後装砲を購入して使用した[376]。彼は，1881年，会弁として北洋軍務に当たっていた際，天津で砲兵隊1営と歩兵隊1営を組織し訓練させた。また，1882年には，口径が7.5センチのクルップ後装鋼砲を24門買って軍隊に配分した。この砲は，後に陸軍の主要な制式砲となった[377]。

　清仏戦争の初期に，李鴻章は雲南・広東・福建・浙江などの省の需要に答えるために，ドイツから7.5センチのクルップ鋼製山砲を102門買った[378]。1885年5月，清仏戦争の後期には，フランス軍が首都の北京を襲撃するのを防ぐために，北洋の部隊は108門のクルップ後装鋼砲と64門のクルップ山砲を購入

した。このほかにまた，普仏戦争の際使われた野戦砲を 80 門注文した[379]。

以後，クルップ社からの兵器の購入が相次ぐ。1885 年 10 月には，両広総督張之洞は 8 センチのクルップ野山砲（砲架・弾薬付き）を 93 門購入し，元の北洋軍務の帮弁であった呉大澂が買った同じ型の野戦砲の中から 15 門を抜き出して，合わせて 108 門を首都防衛軍の 18 営に配分すると上奏していた[380]。1885 年以降，陸軍用の後装式火砲は国産化されたため，輸入は次第に減った。輸入火砲のほとんどは沿岸要塞用のものであった。1892 年 4 月，速射砲 20 門と弾薬が購入された[381]。1885 年から李鴻章が苦心惨憺した結果，1894 年に日清戦争が起こるまでの間に，淮軍の火砲はクルップ製で一新された。

小銃においては，1880 年代に淮軍は一分間に 10～12 発が発射できるホチキス（Hotchkiss，哈乞司）・モーゼル（Mauser，毛瑟）などの連発銃を使用するようになった[382]。

後述するように 1880 年代から 1890 年代初め頃にかけて，沿岸砲台の建設が進み，また，兵器の買い替えを実現した陸軍軍隊は主に沿岸の要塞と海軍基地に集中して防衛に当たるようになった。一方，淮軍の軍官の周盛伝らの進言にも関わらず，海上から敵艦隊が接近する際に予想される，内陸からの支援を断ち切って沿岸要衝を攻略するために上陸する敵陸軍への対処は遅れた[383]。これには後方支援を行う遊撃部隊の組織と配置が必要であったが，八旗・緑営軍隊の改革が鈍く，新しい兵力の確保が経済的に困難だったため，兵員数を削減し，兵器の購入も中止され，軍隊の整備は進まなかった[384]。

1880 年から北洋の防衛の一環として朝鮮の自衛力の向上を助ける活動をしていた李鴻章は，朝鮮の国家安全について，1885 年以降「ロシアが側にいて動かねば，日本もけっして手を出さない」[385]と考え，ロシアと緊密に連絡を取り合い，朝鮮へ侵入しないように働きかけ続ける外交活動に力を入れると同時に，ロシアの侵入を防ぐ辺境地帯の防衛を強化した。しかし，朝鮮と清国の国境地帯への軍隊の配置は怠った。日清戦争が勃発すると，この弱点が衝かれ，日本軍は朝鮮を通り抜けて遼東半島に侵入した。次いで，清国が力を入れて建設した旅順海軍基地への後方からの支援を断ち切り，陸海からの挟撃を実行して占領した。これを教訓に，威海衛の軍港の陸上防衛を強化するために，当時

第4章　北洋海防体制の構築（1880～1894）

山東省の巡撫だった李秉衡は機動部隊を組織して訓練を行ったが，開始時期が遅く，また兵員の数も少なかったために，日本軍が山東半島に上陸するまでには有力な抵抗力には成長せず[386]，同地の海軍基地も同じく占領されることとなった。

2　海軍建設の本格的開始

　海防軍備には，海軍艦隊の整備は不可欠である。清国政府も，第一次海防討論を経て，海軍艦隊の建設が必要であると一応一致して認識していたが，新しい海軍艦隊の規模や配置場所が明確な議論で決められていなかったため，艦隊が使う甲鉄艦の数や種類などについて政府と両海防大臣の間に意見の不一致が常に存在し，艦隊の建設を鈍らせていた。1879年9月，清国政府内で海軍艦隊の建設が急がれた際，総理衙門は，ハートの提案により，8隻の巨砲艦と2隻の衝角巡洋艦を追加購入し，前に購入した軍艦とあわせて南北両洋艦隊を組織すれば，甲鉄艦がなくとも日本の甲鉄艦隊に抵抗できるとした。巨砲艦は攻撃には適しているが自衛の能力に欠けているため海戦には適していない。また，巨砲艦の速度は時速10海里を超えることはないため，海上で甲鉄艦を追いかけて甲鉄艦の装甲を打ち破ることもできない。このため，南北両洋大臣はこの提案には賛同できず，甲鉄艦購入の意見を変えなかった[387]。

　以上の議論を受け，李鴻章は，南洋に2隻の甲鉄艦を保有する艦隊を配置するために甲鉄艦の購入活動を始めた。1880年2月，ドイツで公使をしていた李鳳苞と洋監督ジケルの意見を引用し，甲鉄艦がなくては海軍艦隊が成り立たない状況を説明し，中国の海域に適し，外国で建造して輸入するより時間的には効率的で，性能は日本の甲鉄艦より優れていると見られた2隻の甲鉄艦をイギリスから購入することが可能となったと政府に告げた。この甲鉄艦の一つを南洋海軍に，もう一つを福建省に配置し，当省が既に保有していた軍艦と合わせて艦隊を組織し，台湾の防衛に当たらせ，日本の侵攻を阻止しようとしたのである。これは政府の意見と一致したため，輸入交渉が始まった。

　しかし，5月にロシアとの交渉で海戦が起こる可能性が高まると，イギリスは国際法を守ったため，甲鉄艦を清国へ渡そうとはしなかった。清国による甲

鉄艦の購入が実現しないまま，ロシアの艦隊は東へ移動し，北洋では戦端が開かれる可能性が高まった。当時ロシアは大型で装甲の厚い 2 隻の甲鉄艦と 13 隻の快速巡洋艦を含めた 15 隻もの軍艦で組織された艦隊を東シナ海に派遣していた[388]。これに抵抗するため，李鴻章は，6 月 3 日に，ロシアの艦隊の戦闘力に匹敵する規模の艦隊を北洋で建設することを目標に，海軍建設計画を変更した[389]。変更後の計画では，福建省と台湾の海防に当たらせるために建造を計画されていた甲鉄艦の数を増やし，さらに 2 隻を外注して 4 隻とすることにした。また，快速巡洋艦と水雷艇を十数隻を揃えて，大連湾，旅順口に配置し，渤海湾防御のためにロシアの甲鉄艦に対抗させようとした[390]。甲鉄艦の建造工場が決められるのには時間が掛かり，12 月になって，ドイツのフルカン造船所に，清国最初の甲鉄艦軍艦，「定遠」，「鎮遠」の 2 隻の建造を発注した。ドイツでの建造は費用が割高であったため，ほかの 2 隻はイギリスやフランスで建造することとした[391]。甲鉄艦には，李鴻章が希望したとおり，衝角を付けることにした[392]。また，艦砲には，前装のアームストロング砲より優れた後装のクルップ砲を採用することにした[393]。こうして，1880 年内に外注による北洋艦隊の軍艦の整備は始まった。

　当時，清国内には福州船政局や江南製造局などの造船所があった。しかし，福州船政局では 1880 年までに甲鉄艦を生産したことはなかった。江南製造局では，1874 年に甲鉄艦の建造施設が建設されていたが[394]，1876 年に建造された小型の甲鉄艦の「金甌」は，艦砲の位置の配置が不適当で，海上で使えなかった[395]。江南製造局の造船所には甲鉄艦の建造経験はあったが，機械はやや揃っていても，技術者はおらず，最新鋭の軍艦を建造する能力は有していなかった[396]。そのため，外注のほかに甲鉄艦を調達する手段はなかった。外洋で艦隊を使うためには，海戦に耐えられる甲鉄艦が必要であっただけでなく，速度が速く，大型の甲鉄艦と協力して戦える巡洋艦の整備も欠かせなかった。

　ロシアの艦隊に快速巡洋艦がほとんどであったことに刺激を受けた李鴻章は，1879 年から甲鉄軍艦の外注を行うと同時に，西洋の軍艦のように鋼鉄の装甲は持たないが，海戦では同じ機能を期待できる，鉄の竜骨を使った木造の巡洋艦を福州船政局で生産し，巡洋艦の数を増やすよう，船政大臣の黎兆棠に勧め

ていた[397]）。また，第 2 章でも見たように，外注した巡洋艦の就役時期を見込んだ中国最初の衝角巡洋艦の建造は 1881 年から始まった。これと同時に，値段が比較的安い巡洋艦や水雷艇などは，南北洋がそれぞれ状況に応じて購入することにした。さらに，1882 年末，朝鮮の安全を守る任務を負った李鴻章は，目前の緊急事態に対応するために，福州船政局が建造する巡洋艦は西洋の巡洋艦より早さや丈夫さにおいて劣るものの，外注より安く建造できるメリットがあると考え，2 隻を注文していた[398]）。

(1) 軍艦購入

巨砲付きの小型軍艦の購入は 1875 年から始まっていた。北洋海防大臣になると，李鴻章はすぐにこの種の軍艦をイギリスの造船所に発注し，以後，1880 年までに 8 隻を購入していた。1880 年に海防が急がれると，追加で 3 隻が発注され，1881 年に就役し，海岸砲台に配置された。1881 年以降この型の軍艦は旧式化し，生産が停止した[399]）。

甲鉄艦の購入は 1876 年からはじまった。当時の清国は甲鉄艦を建造するのは現実的ではなかったことを認め，国産化政策を廃止し，外注に専念した。9 月に，ジケルは，海上で甲鉄艦に協力して活動できる快速巡洋艦と水雷艇の建造を献言した[400]）。李鴻章はこれを受け入れ，快速巡洋艦の設計図を入手するよう，ジケルをヨーロッパへ派遣した。しかし，巡洋艦の設計図の入手は容易ではなかっただけでなく，建造の資金や技術も国内では賄えなかった。そこで 1877 年 9 月には，李鴻章は，巡洋艦の建造も時期尚早であると判断し，ヨーロッパの造船所に建造を学びに行った技術者たちが，技術を習得して帰国した後に開始することを決めた[401]）。

巡洋艦の国内での建造の開始を待つことはできなかったので，ただちに購入活動も始められた。8 月に購入する予定であった 2 隻の巡洋艦は，喫水が深く清国の海域に適さなかったために交渉は成立せず，ほかから購入する必要が生じた[402]）。1878 年になると，イギリスの新式巡洋艦が，徹甲弾が発射できる巨砲を多数備え，しかも値段は設計図を買って国内で生産するよりはるかに安いという情報がもたらされた[403]）。そこで甲鉄艦も巡洋艦もイギリスから購入す

ることを目指して交渉がはじまった。

　こうして，1879年には，清国の甲鉄艦と巡洋艦の購入活動は本格的にはじまった。イギリスへ発注した2隻の巡洋艦は1879年に竣工し，1881年に清国に到着した。それらは「超勇」，「揚威」という新式の衝角巡洋艦で，排水量が1,350トンのものであった。船体が小さく，比較的安価であり，航速が大きいのが特徴であった。また甲鉄艦を攻撃できる装備として艦首に衝角を備えていた[404]。

　衝角軍艦は，アメリカにおける南北戦争の時期に誕生した。この戦争に貢献した戦艦は，重装甲されており，接近戦に使うために艦首に衝角が付けられていた。これが後にヨーロッパの海軍大国の軍艦の設計に影響を及ぼし，軍艦の建造にはこうした特徴が取り入れられた。イギリスで1865年4月に進水したベレロッフォンは衝角を付けた最初の装甲軍艦である。これ以降，フランス，ドイツなど各国の造船所でこのタイプの装甲艦が建造された。

　1880年末に清国がドイツに発注した「定遠」，「鎮遠」の2隻の甲鉄軍艦については，値段が高くとも最新鋭の軍艦を購入するという方針が適用された。具体的には，衝角を付け，艦載砲をクルップ産の砲にするという李鴻章の注文を参考に軍艦が設計され，建造が始まった[405]。さらに，李鳳苞と技術者の徐建寅の監督のもとで，外洋での海戦や海岸要所の防衛に適し，衝角を備えた甲鉄艦が建造された。これらの両軍艦の排水量は7,430トン，全長は298フィート5インチ（約91.017メートル），幅は60フィート4インチ（約18.4メートル），喫水は19フィート6インチ（約5.943メートル），6,000馬力，時速14.5海里（約中国の46里強），舷側湾曲した中間部分の喫水線のところに鋼で覆われた複合甲鉄を貼り，その甲鉄の厚さは14英インチ（約355.6ミリメートル）あった。また，上甲板に突き出した円筒形の連装式の主砲塔を，前後に互い違いで2基並列配置しており，この部分の鋼で覆われた複合甲鉄の厚さは12インチ（約304.8ミリメートル）あった。また，船首左右に魚雷発射筒を三つ備え，小型魚雷艇2隻と小型船1隻を用意し，甲板上には口径12インチ（約30.48センチメートル）のクルップ産鋼砲が4門，6インチ（約15.24センチメートル）の鋼砲が2門設置されていた[406]。

第 4 章　北洋海防体制の構築（1880～1894）

　船体は当時フランス，ロシア，ドイツ，アメリカ海軍などに採用されていたタンブル・ホーム型であったため，全体的に水線下部の艦首・艦尾は著しく突出し，水線部装甲の部分が突出した形状をしている。このタイプの船体は，水線部から上の部分を比較的狭くすることで甲板の面積が減り，船体重量を軽減でき，備砲の射界を船体で狭められずに広い射界を得られる船体型であった。当時中国の海軍にはもっとも適した軍艦であると見られた[407]（ただし，日本の海軍は，外洋での戦闘には適さないと見て，タンブル・ホームは採用していない）。この 2 隻の甲鉄艦は 1882 年に竣工し，1885 年 8 月 10 日天津の大沽港に到着し，正式に北洋艦隊に就役することとなった[408]。

　1882 年 7 月に朝鮮で壬午事変が起きると，清国と日本との間で海戦が起こる可能性が高まった。この事態に対応するため，8 月に，李鴻章は清国政府へ日本と清国の海軍の軍備を比較した報告を出した。それによると，当時の日本の海軍は 20 余隻の軍艦を保有し，その半分以上が実際の海戦に参加できるものであった。その中には，1878 年に竣工した鉄製鉄帯の「扶桑」（3,717 トン），鉄骨木皮の「金剛」と「比叡」（いずれも 2,248 トン）のような甲鉄艦や準甲鉄軍艦が含まれていた[409]。この時期の日本の海軍艦隊は統制がはかられていたため，外洋に派遣できる海軍艦隊がまだ創設されていない清国の海軍よりも，緊急時には戦争状態に入りやすかったといえる。これに比べて，清国の外注した先進軍艦はまだ工場から出荷されていなかった。また，清国は，すでに輸入した軍艦と国産の軍艦を合わせて総数 30 余隻を保有していたが，海戦に参加できる 19 隻の軍艦は南北両洋に分散配置され，朝鮮を守る海戦に臨む艦隊を組む余裕はなかった。そのため，海軍整備の面で比較的に優位にあった日本の海軍力に脅威を感じ，軍艦の購入や海軍の建設をさらに急ぐようになった[410]。

　李鴻章は海軍の装備の充実化をさらにはかるために，水兵の訓練を行うとともに，特に甲鉄艦を護衛して海戦に参加する快速巡洋艦が欠かせないと見て，外国の造船所に発注すると同時に，福州船政局の造船所で建造させ，さらに甲鉄艦の数をふやすよう建言していた[411]。

　1882 年末に，ドイツの造船所に発注した 2 隻の甲鉄艦が竣工した際，これらに「定遠」，「鎮遠」という艦名を付けたのは李鴻章であった。ただし，計画

中のさらに2隻の甲鉄艦については，資金が集められず，建造を依頼するのが困難になった。すでに建造した2隻の甲鉄艦では艦隊の必要数には及ばない。イギリス人総税務司のハートからは，衝角巡洋艦を大型に改造すれば，安価に甲鉄艦の代用が得られるという意見があったが，これは敵艦を攻撃するには役立つものの，甲鉄艦の攻撃に対する防衛力は持たない。そこで李鴻章は，1883年に，フルカン造船所で衝角巡洋艦を大型に改造する費用で購入できる，鋼鉄で装甲された巡洋艦を1隻買うことを政府に建言した。こうして巡洋艦「済遠」の発注がきまった。この巡洋艦の排水量は2,300トン，喫水は15フィート（約4.575メートル），2,800馬力，多段式蒸気機関を2機設置し，時速は15海里，機関室が丸い3.5インチ（約88.9ミリメートル）の鋼鉄で覆われ，砲台の周りは10インチ（約25.40ミリメートル）の鋼鉄で装甲されている。同艦は海上で甲鉄艦と共同で海戦に参加することができた[412]。「済遠」は先に1882年に竣工した「定遠」，「鎮遠」の2隻とともに1884年から1885年の間に就役できると見込まれた。

　日本との海軍力の格差が埋められていない状況の下，1884年10月には，清国のもう一つの属国であるベトナムをめぐってフランスと清国の関係が悪化し，海戦の発生が時間の問題となっていた。フランスとの海戦の準備をするために，清国政府は，小型の木造軍艦を集め，圧倒的な軍艦の量でフランスの甲鉄艦隊に抵抗し，首都を狙っての北上を阻止したうえで，勝利を得るという案を出した[413]。

　一方，フランスとの交渉を任されていた李鴻章は以下のように主張した。「西洋の厚い鉄で覆われた甲鉄艦を中国従来型の木造小艦の小型艦砲で打ち破ることは不可能である，もし衝角艦に襲われれば木造艦はすぐに破壊されてしまう」[414]。「近頃の海戦はほとんど甲鉄艦で甲鉄艦に抵抗し，砲が大きく，装甲が厚く，動きが早いほうが勝利する。西洋諸国は甲鉄艦の建造にしのぎを削っているが，これはただ技術を競っているのではなく，実用を目的としている」[415]。さらに，「清国がフランスとの海戦に勝つためには，甲鉄艦を5，6隻，快速巡洋艦を十数隻，魚雷艇を20〜30隻用意して，戦争の主導権を握ること必要である」[416]と主張した。また，「もし小型の木造艦を集めて少数の甲鉄艦に勝と

第 4 章　北洋海防体制の構築（1880～1894）

うとするのであれば，薄く装甲され，巨砲を備えた快速巡洋艦を集めて，さらに魚雷艇 3～5 隻を用いて海岸要衝に侵入してくる大型甲鉄艦を囲い込んで攻撃するという方策がある。この方法であれば，状況に応じて素早く反応でき，勝利することも可能である[417]」とも主張した。小型木造の軍艦で海戦に望むという政府の計画は，経費の無駄使いで役に立たないと反論したのである。現実的には，政府の計画も，李鴻章の応戦案も実施は不可能であった。政府と李鴻章との間のやりとりは，当時の段階では，清国の海軍力は敵の侵入を食い止めるほどのものではなかったことを証明しているといえよう。

　1885 年，清仏戦争が終わり，講和条約が締結されると，清国政府は，これまでの海防のありかたを見直し，海防の新しい課題について，討論を行った。具体的には，清仏戦争中，陸軍が勝利を収めるなどフランス軍の侵攻に抵抗できていたことを評価するとともに，開設した国内の造船所で製造した艦船が，西洋のものより劣っているという現状が認められた。この結果，李鴻章らは，一刻も早く新式海軍を建設し，海防を万全にするよう命ぜられた[418]。

　この海防討論を経て，清国には，初めて海軍を管轄する中央機関—海軍衙門（海軍部）が設置され，醇親王奕譞が海軍の事務を総監し，奕劻と李鴻章はその実務を担当することとなった。有事に外敵に脅かされる首都の安全を守ることを第一にした李鴻章は，早速イギリスやドイツと軍艦を購入する交渉を始め，北洋艦隊の建設に本格的に取り組むようになった。

　この時期に外注したのは，「致遠」，「精遠」，「経遠」，「来遠」の 4 隻の衝角巡洋艦及び 6 隻の魚雷艇であった。その中で「経遠」，「来遠」は排水量が 2,900 トン，時速は 15.5 海里であって，「致遠」，「精遠」は排水量が 2,300 トン，時速 18 海里であった。これらの艦船は 1887 年に清国に到着した。

　1888 年 9 月には，国産と輸入をあわせて 25 隻の軍艦を保有し，官兵 4,000 余人からなる北洋艦隊が正式に組織された。第 4 節で見るとおり，1890 年から 1891 年にかけて，旅順，威海衛の海軍基地が建設されると，渤海湾を取り囲む基地と艦隊が協力して防衛戦に当たる海岸防衛体制がほぼ完成された。しかし，1891 年に清国政府の出した海防経費の節約政策の影響で，北洋艦隊の更なる拡充を行うことはできなくなったため，技術革新の早い 19 世紀末にお

いて、艦隊は完成した時点からすぐに陳腐化していくこととなった。

このため、李鴻章は、海軍の建設を開始した当初には抱いていた外洋での戦いへの期待をほとんど失くしてしまった[419]。以後、海軍力を強調することはなくなり、「本来防衛法には、必ず水陸が互いにたより合い、艦船（海軍）や陸軍は表と裏の関係である[420]」と、陸海軍による海岸の守勢システムの完成に向けて、取り組むようになる。

これに対して、日本は、1887年以降、北洋艦隊を上まわる海軍力を保有することを目標にし、軍備増強を加速させた。1887年から1894年にかけては、軍艦を12隻増やした。特に、1891年以降、3年間で、排水量が2,000〜4,000トンの最新鋭の戦艦を6隻購入し、速射砲100門を新たに購入していた。日本の艦隊は、総排水量で北洋艦隊を上まわっただけでなく、火力の配備も強化された。日本の軍備が日に日に強化されていく一方で、1891年以降北洋艦隊の兵器の更新や拡充は進捗しなかった。また、清国の海軍は戦術においても進展を見なかった。1891年には、シベリア鉄道の建設に刺激され、北洋の陸軍の運用に欠かせない鉄道の建設がはじまったが、1894年4月に建設が中断されたため、李鴻章が抱いた、朝鮮有事の際、この鉄道幹線を利用して軍隊を迅速に朝鮮へ派遣するという構想は潰えた。

1894年7月、朝鮮を舞台に日清戦争が勃発したが、すぐに動員できる陸軍の兵力は小さく、朝鮮への派兵や兵站の確保は、北洋の海軍が担った。戦争が開始した当初から、日本軍は兵力の面で優位にあり、清国の陸海軍に対して先制攻撃を実施したため、北洋艦隊は朝鮮の陸軍への支援と渤海口の防衛を両立できなくなり、1895年の初めには、日本の連合艦隊の攻撃を受け、壊滅することとなる。

(2) 衝角戦法の採用

既述の通り、1870年代の初期に清国では海軍艦隊の建設が始まったのち、1873年に訳された『輪船布陣』を通じて、衝角戦法は新しい海戦術として清国に紹介された。また1875年から1876年にかけては、海上戦闘に参加できる洋式の艦隊の規模と構成が決まった。ところが、装甲艦の用意は難しく、装甲

第4章　北洋海防体制の構築（1880～1894）

艦を操る海軍の人材や，海軍を指揮統率する洋式の訓練をうけた士官もいない状況であったため，艦隊の構成が決まってもどのような戦闘方法を採用するのかを想定することはできなかった。1877年から清国の装甲艦を購入する動きは活発になり，当時造船技術が世界一であったイギリスから軍艦を購入する交渉を行っていたが，軍艦の様式と戦術的な性能などの詳細は十分には検討されていなかった。1879年，ようやく装甲艦の購入が可能になった頃，海戦に参加する軍艦の戦術的な性能が議論されるようになった。李鴻章はすでに蓄積していた衝角艦と衝角戦法に関する知識を基に，イギリス人ハートの勧めで，衝角戦法の威力を認め，装甲艦への攻撃に強い，イギリス産の衝角軍艦を購入することを決めた。その後，1880年にドイツへ発注した装甲艦についても，この型で設計されることを要求した[421]。衝角軍艦を採用したことで，当時イギリス海軍でも重要視された衝角戦法が採用されることになった。

衝角戦法は古代から海戦において使われていた。この戦法は船体に付けた衝角（ラム）によって実行される。衝角とは，軍艦の艦首水線下に取り付けられる軍艦同士の体当たり攻撃に使われる固定式の兵器である。前方に大きく突き出た角の形状をしていて，軍艦同士の接近戦において敵艦の側面に突撃する際に効力を発揮した。具体的には，敵艦の機動力を失わせる，またはその船底を突き破って浸水させ，行動不能にする，或いは撃沈することを目的として使われた。1860年代から装甲艦が海戦に登場したが，艦載砲の発達はこれに追いつかず，その貫通力や命中精度は装甲を撃ち抜くのに不足であるとされた[422]。また艦船においても蒸気推進が主流となったため，風により航行が制限される帆船と異なり，航行の自由度が高まり，衝角の実用効果が高まったと考えられた[423]。特に，1861年のアメリカ南北戦争と，1866年のオーストリアとイタリア間で起きたリサ海戦において，衝角戦術が使われるようになって以降，イギリス，フランスなどの海軍大国では，軍艦には衝角を付けるとともに，艦首方向に死角のない艦砲を装備する方向が取られた[424]。

以上の通り，フランスやイギリスなどのヨーロッパの海軍大国は，船首衝角を有効に使うための戦術や陣形を研究するようになった。この戦法は，既述の通り，1874年に清国へ紹介された[425]。1880年以降建設された清国の洋式海軍

艦隊の訓練においても，主要な戦法として適用された。以後15年間，衝角軍艦は清国の艦隊では主力戦艦となり，海戦術の変革期にあっても衝角戦法は清国の艦隊の主要な戦術として定着した。一方，世界的には，1890年代の初め頃になると，海戦ではこの戦法が実施される機会は少なくなり，また，一旦この戦法を実施すると，艦隊の陣形が乱れ，同僚艦に衝突する可能性も高くなるなどさまざまな弱点があることが認識されるようになった[426]。

同時期に，西洋では，艦載速射砲の登場により，海戦においては衝角と並んで火砲の役割が重要視されるようになった。1894年3月，李鴻章は「定遠」，「鎮遠」の両艦に，それぞれ6門のクルップ産の新式12センチ速射砲[427]を，済遠，経遠，来遠の軍艦にそれぞれ2門を設置し，威遠艦の旧式アームストロング砲をクルップの後装式火砲3門に買い換えるとした[428]。ところが，これらは日清戦争開始までには購入はされなかった。1895年の黄海海戦において，北洋艦隊は，火砲を用いた攻防において劣勢になると，衝角艦の戦闘力を発揮できる戦法として，単横陣を取り，艦首を敵に向けて攻撃を加える衝角戦法を実施した。「定遠」，「鎮遠」など1880年代にヨーロッパで製造された主力艦は，船の長さをおさえ，敵艦にぶつかる際に有利な体勢をとるため旋回半径を小さくして運動性をよくするように設計された衝角軍艦であり，敵艦にまさるスピードと機動力によって高い撃突効果を得るというのが最大の特徴であった。しかし，1880年代末から1890年代の初め頃建造された日本の新式軍艦は，より高い速力を持っており，艦載砲同士の対決において劣勢にあった北洋艦隊は，衝角戦法を戦場で十分に生かすことができずに敗北することとなった。

(3) 全国海軍を管轄する中央機関—海軍衙門の設立

1880年代に艦隊の建設が進むに連れて，全国の海軍艦隊を統一して指揮統率する機関の必要度が増大した。1882年7月23日の壬午事変では，反乱鎮圧と日本公使護衛を名目に派遣された清国軍が漢城に駐留し，鎮圧活動を行った上で，8月26日に乱の首謀者と目される大院君を拉致し，中国へ送った。これによって事変は終息した[429]。その後，朝鮮の内政，外交は，清国の代理人である袁世凱の手に握られることになった。

第 4 章　北洋海防体制の構築（1880〜1894）

　日本政府は，命からがら帰国した花房公使に，軍艦 4 隻，輸送船 3 隻，陸軍 1 個大隊をつけて，再度朝鮮に派遣したが，清国軍が先に事態を抑えたため，清国の調停によって交渉が行われた[430]。

　壬午事変を契機に海軍の軍備を検討した李鴻章は，今回の行動で主導権を握れたのは，軍事力が優位にあったためではなく，「電線を引き，電報という新式通信手段を利用したからだ[431]」として，近年行なってきた電信線の敷設の軍事における効果を強調した。一方，日本との海戦を想定した場合には，実戦に参加できる艦船が不足しており，指揮統率機関が設けられていないなどの不備があることも指摘した。

　1880 年にドイツに発注した「定遠」，「鎮遠」の両甲鉄船がまだ就役していない段階では，北洋には艦船が足りなかった。南洋海防の任務を負う艦船から引き抜くとしても 1，2 隻が限界である。また，海軍を統率する大臣は，訓練の十分でない兵士や経験のない士官を用いていたため，戦争には役立たず，軍の士気は損なわれていると考えた[432]。

　清国のこうした海軍の情況に対して，日本は全国の艦隊を海軍卿が一元的に統監していたため，戦時態勢に移行するのが容易であった[433]。

　李鴻章は，こうした日本と清国の海軍の情況を踏まえて，万が一，日本が清国の防備の弱点を精鋭部隊により先制攻撃すれば対応できないと考え，艦隊の建設を加速させると同時に，南北両洋の艦船を統合して管轄する機関を設置し，海軍の普段の訓練や戦時の指揮統率を効率的に行うよう政府に訴えた。

　新式な艦隊が創設され，指揮統率が確立し，海外へ派遣できる規模になれば，敵国も戦意を失うであろう。もし，それでも衝突が起こるのであれば，攻撃することによって対立を解決することも可能であるとして，海軍の抑止力に重きを置いた海軍建設方針を明らかにした。さらに，海軍力が向上すれば，日本は自ら従い，琉球の問題も解決できるであろうという，海軍増強がもたらす可能性のある効果を具体的に見込んでもいた。

　ドイツで建造した 2 隻の甲鉄艦は，1883 年に清国に入り，就役する予定であったが，既述の通り，この年末に，清仏戦争が起きたために，延期されることとなった。従って，1882 年から 1885 年にかけては，清国の艦船の数は増え

ず，北洋海軍の建設は進まなかった。北洋艦隊の定遠は，鎮遠とともにドイツに発注され，シュテッティンのフルカン造船所で建設された，清国海軍の主力艦である。契約後の1883年には艤装が終了し回航を残すのみとなっていたが，清仏戦争の間，ドイツが中立を保ったため，戦争終結後の1885年10月に就役した。就役後は清国北洋艦隊の旗艦を務め，1886年には示威を兼ねて朝鮮，ロシア，日本を歴訪した。日本訪問の際には，その強大さと船員の乱行（長崎事件）から，日本社会にとっては大きな脅威として受け止められた。

　清仏戦争の後，清国政府は，有事に対応するためには，北洋艦隊の建設を推し進めると同時に，南北両洋の海防を統轄する中央機関を設置し，両洋の陸海軍の協力体制を作ることが，海防の急務であると考えた。

　以上のような動きの下で，1880年から1894年の間に，南北両洋における海軍の統一的な運用制度は確立した。しかし，陸軍において全国の軍隊の指揮を統一する制度は決定されず，さらに有事の際，戦場で陸海軍がともに機動戦に参加するための指揮制度も確立しなかった。

第4節　北洋における要塞砲台の建設

　1870年代から90年代までの20年間，清国政府は，沿岸における自国の海軍艦隊を守り，外国軍隊による海上からの攻撃を水際で撃退するために，東北の鴨緑江から南の広東の海域までの海岸線沿いのほとんどの要所で，ドイツの砲台建設技術を駆使して海岸砲台を建設した。特に西洋の砲台建設新技術が多く使われたのが，北洋海防の任務を担う旅順，大連，威海衛などの要塞の砲台であった。砲台建設に欠かせないのが，砲台砲である。1870年代の初めから，砲台砲の購入は陸軍兵器の購入と同時に行われてきた。最初は，値段が高く，後装式重火器の性能は安定しないなどの理由でクルップ産の重火器の購入数は少なかったが，1880年代に入り，各国で後装式重火器が盛んに採用されるようになると，李鴻章も積極的にクルップ砲を購入するようになった。

　1880年代に李鴻章が北洋の旅順口に建設した10箇所の砲台には，重砲が63門設置されたが，そのうちクルップ産の重砲は42門あった。大連湾に建設さ

れた6箇所の砲台には38門の大砲が設置されたが，クルップから購入したものは26あった。威海衛にあった15の主要砲台にはすべてクルップ産の重砲が設置されたが，口径は24センチのものが多かった。日清戦争までには威海衛の砲台は23にまで増え，アームストロング砲を含む大小火砲の数は161門に達した。李鴻章の配下にあった北洋艦隊と北洋海岸線沿いの主要な砲台の装備の大半は，このようにクルップ社の重砲によって占められていた。1885年以降海防軍備が急がれると，艦隊の建設と同時に，海軍基地を含めた沿岸主要要塞の砲台建設は加速した。これらの砲台に設置された火砲のほとんどは李鴻章が1885年から1894年の間に購入したクルップ砲であった。

　旅順口は渤海と黄海を結ぶ海峡の一番狭い所に位置し，冬にも凍らない，護りやすい海港として選ばれた。1880年から砲台建設が始まり，1886年以降は加速し，1890年に完成した。砲台に設置した大砲のほとんどは，ドイツから購入したクルップ砲であった。同じく北洋の主要砲台として，建設が行われた時期がほぼ同じであったものに威海衛の砲台があるが，旅順口の砲台砲の準備は威海衛より早かった。1886年に，李鴻章は，旅順口の砲台建設においては各省より先に北洋における各砲台に設置した大小各種の火砲をすべてドイツのクルップ産のもので統一し，前装銃砲を主に軍隊の教練用に使い，後装銃砲を戦時に使うようにした[434]。これは，第一次海防討論の際に決めた，海防軍隊の武器を西洋式に統一する面では，他省より進んでいたことを証明するだけで，兵器の活用においては，かならずしも有効な使い方とは限らない。これらの銃砲はその産地が一応統一され，前装式と後装式が平時と戦時に使い分けられた。ところが，軍隊の平時訓練と戦時用の兵器も統一するのが，兵士の戦闘力を発揮するのに不可欠である。これから解かるように，当時の李鴻章はまだ兵器を統一する本当の意義を十分に理解していたとは言えない。次の表13により旅順口の東西両岸に配置された海岸砲の情況を見てみよう[435]。

　威海衛は，山東半島の北端に位置し，黄海から渤海へ入る海上の入り口を護るのに適しており，また南北海路の要所であるため，北洋艦隊のもう一つの軍港として建設され，港の南北両岸に砲台が林立するようになった。この砲台の火砲（ここではアームストロング砲をア式砲と略す）の配置情況を表14で確認し

第4節　北洋における要塞砲台の建設

表13　1880年〜1890年間における旅順口東西両岸の砲台に配置された火砲の情況

	砲台名	火砲の種類	口径(cm)	砲身(m)	数(門)	総数(門)
東岸	黄金山砲台	クルップ（軽・重砲）	24	6	3	11
		クルップ砲	12		4	
		格林砲（滬局模造）			4	
	黄金山砲台	12ポンド榴弾砲			2	6
		クルップ臼砲	15		4	
	摸珠礁砲台	クルップ砲	20	5	2	8
		クルップ砲	15	3	2	
		クルップ砲	8	2	4	
	老砺咀砲台	クルップ砲	24	6	2	5
		クルップ砲	24	7.2	2	
		五管格林砲			1	
	老砺咀後砲台	クルップ砲	12	4.2	2	2
西岸	老虎尾砲台	クルップ砲	21		2	5
		12ポンド榴弾砲			3	
	威遠・蛮子砲台	クルップ砲	15	5.3	6	11
		12ポンド榴弾砲			5	
	饅頭山砲台	クルップ軽砲	24		2	5
		クルップ重砲	24		1	
		クルップ砲	12		2	
	城頭山砲台	クルップ重砲	12		2	10
		クルップ砲	8		6	
		五管格林砲			2	
総数（門）						63

143

第4章　北洋海防体制の構築（1880～1894）

表14　1880年～1891年間における威海衛の南北両岸砲台に配置された火砲の情況

砲台名			火砲種類	口径（cm）	砲身（m）	数（門）	総数（門）
南の砲台	海岸砲台	皂埠咀砲台	クルップ砲	28	9.8	2	6
			クルップ砲	24	8.4	3	
			他の種類	15		1	
		鹿角咀砲台	クルップ砲	24	8.4	4	4
		龍廟咀砲台	クルップ砲	21	7.4	2	4
			クルップ砲	21	7.4	2	
	陸路砲台	所前嶺砲台	クルップ砲	15		2	3
			クルップ砲	12		1	
		楊楓嶺砲台	クルップ砲	15		2	4
			クルップ砲	12		2	
北の砲台	海岸砲台	北山咀砲台	クルップ砲	24	8.4	6	8
			クルップ砲	9		2	
		黄泥溝砲台	クルップ砲	21	7.4	2	2
		祭祀台砲台	クルップ砲	24	8.4	2	6
			クルップ砲	21	7.4	2	
			クルップ砲	15	5.3	2	
劉公島砲台	海岸砲台	東泓砲台	クルップ砲	24	8.4	2	18
			クルップ砲	12	3	2	
			中小型火砲			14	
		迎門洞砲台	クルップ砲	24	8.4	1	1
		旗頂山砲台	クルップ砲	24	8.4	4	4
		南咀砲台	クルップ砲	24	8.4	2	14
			中小型火砲			12	
		公所後砲台	ア式隠顕砲	24		2	16
			中小型火砲			14	
		黄島砲台	クルップ砲	24	8.4	4	9
			中小型火砲			5	
	陸路砲台	合慶灘砲台	クルップ砲	15		2	6
		老母頂砲台	クルップ砲	15		2	
			クルップ砲	12		2	
日島砲台			ア式速射砲	12		2	8
			ア式隠顕砲	20		2	
			小型野戦砲	6.5		4	
総数（門）							113

表15　1880年～1894年の間における呉淞口砲台に配置された火砲の情況

砲台名	火砲の種類	口径（cm）	砲身（m）	数（門）	総数（門）
呉淞口明砲台	ア式前装砲	22	3.65	1	6
	ア式前装砲	20	6.6	1	
	瓦瓦斯前装砲	17	3.8	4	
呉淞口暗砲台	ア式前装砲	17	3.0	5	23
	クルップ後装砲	17	4.2	2	
	ア式前装砲	17	2.6	4	
	ア式前装砲	12	2.7	6	
	旧ア式前装砲	10～11	5.8	6	
南石塘明砲台	ア式前装砲	30	7.6	4	11
	クルップ後装砲	20	4.7	2	
	ア式後装砲	20	7.0	2	
	クルップ後装砲	12	3.0	3	
獅子林明砲台	ア式後装砲	30	10.6	2	8
	ア式後装砲	22	8.0	4	
	クルップ後装砲	12	3.0	2	
総数（門）					48

よう[436]。

　北洋において建設された要塞砲台には，ほぼクルップ製の火砲のみが設置されていたことが分かる。

　それでは，長江河口に位置する呉淞口の要塞砲台での火砲の配置や種類はどうであったかを見てみよう。呉淞口は，戦時中，敵の艦隊が海から長江を遡って内地へ侵入する場合に用いることが想定される入り口で，戦略的要所であるため，砲台の建設が重視された。ここでは，主にクルップ産とアームストロング産の前装砲を配置していた。その情況を表15で確認する[437]。

　沿岸砲台砲については，主に軍艦の射撃を目的として，射程が長く，命中率の高いカノン砲を設置するのが通常である。これに対し，臼砲や榴弾砲は攻城

第 4 章　北洋海防体制の構築（1880〜1894）

戦などに使われる。旅順の沿岸砲台の主砲には，カノン砲のほか砲台防御のために臼砲も使われているが，これは，上陸する敵軍の砲台攻撃を撃退するためであった。

　威海衛の砲台では，主に遠くて広い海面を射程に納められる砲身の長いカノン砲を設置したほかに，火砲台の位置と地形に合わせて，大中小各種類の火砲が使われた。ア式隠顕砲は，敵軍には気付かれにくく，射撃する際，砲身の向きを360°回転させることができるため，各方面からの攻撃に対応できる。また射程が長く，強い威力を持っているため，沿岸要所にある小さな島の上に設置して，侵入して来る軍艦を砲撃するのに適していた。小型の野戦砲は砲台に接近した敵軍を阻止するために配置された。

　呉淞口砲台は比較的狭い江面に向いて火力を使うため，主に短い射程の砲台砲が設置された。砲身が短いために，前装式でも戦時には発射間隔を短縮でき，クルップの後装砲と協力して戦うには有効である。1870年代半ばから江南製造局でア式前装重砲が生産され，生産技術が向上した。1880年代末から各種のア式後装砲も生産されるようになったが，ア式前装重砲の性能は新式の後装砲より安定していたため，呉淞口砲台にはほとんどア式前装砲が配置された。工場が近かったために砲弾の供給においても便利であるといった利点もあった。

　以上であげられた各沿岸砲台には，上記の通り多様な重砲が配置されていた。それらの口径はさまざまであり，戦時に火力を集中させるにも，砲弾などの供給にも不便であった。ただし，限られた軍費で購入された火砲と，低い生産力で生み出された重火器を無駄にせず，有効利用する面で考えれば，これらの砲台砲の配置は一定の合理性をもつとも言える。しかしそれでも，これらの砲台の大きな弱点は，砲台の背後からの攻撃に備えた堡塁や支援軍隊の配置が不十分であるということであった。このように，砲台自身の防衛体制が完備されなかったことが原因となって，日清戦争においては，これらの砲台は次々に日本軍に占領されることとなった。

第5節　1880年から1894年にかけての日本の軍備

　以下では，清国の軍事技術政策を検討するうえで，よい比較の対象となる日本の事例を瞥見しよう。

　1880年，当時の日本の参謀部長であった山県有朋は，「隣邦兵備略表」を著した。山県は，ロシアの東漸に警戒しつつ，1875年から始まった清国の海防政策の実行にも危機を覚え，明治維新以降初めて明確に国防建設の強化を訴えた。

　その後，1882年の壬午事変を契機に，最初の対外軍拡の規模と目標が具体化され，守勢防衛から攻勢防衛へと移行していった。1894年に日清戦争が勃発するまでには，ドイツ流の攻勢国防体制が完成することとなる。

　1880年から1894年にかけての日本の軍備拡張は，具体的には以下のように進展した。

　「隣邦兵備略表」では，山県は，ロシアの東進や清国の軍事力強化の実態を詳しく分析し，日本が兵備を整えることの重要性を主張している。具体的な脅威については，「北地の強露に界するは言を待たず，西隣にして果たして其強を得ば，我と朝鮮と其間に介り，猶春秋鄭衛の晋楚に於ける如し[438]」と述べ，将来強国間の紛争に巻き込まれる恐れに備えて，海岸防御設備の建設など国土防衛が急務であると訴えた。

　壬午事変の際には，清国政府は朝鮮国内の動きに素早く反応し，清国主導で問題解決がはかられた。日本にとっては，これは清国の軍事的脅威を強く印象付けることとなった。日本は，壬午事変以降，清国の軍備増強に警戒を強め，国防軍備の強化へ本格的に乗り出すこととなる。

　当時参事院議長であった山県有朋は，1882年8月15日，「陸海軍拡張に関する財政上申」という次の要旨の対清軍備拡張案を著した。

　山県案は，ロシアの東アジアへの侵出にも関心を示していたが，主に清国の軍備に強い関心を寄せていた。

　山県は，日本において軍事的脅威への配慮が薄れている現状を指摘しながら，近隣の清国は，「隣邦軍備略表」で指摘した通り，着々と軍備の西洋化を進め

第 4 章　北洋海防体制の構築（1880～1894）

ており，軽視できない情況になっていると述べた。さらに，日本の愛国心や戦闘力を奮い起こし，陸・海軍の拡張をはかることは急務であると訴えた。

　具体的には，海軍拡張のために軍艦 48 隻と運送船を建造し，東西の鎮守府に配置する必要があるとしていた。また，陸軍拡張には常備軍 4 万人でも足りないが，未だ，それさえ充実していないと指摘した。

　財政に困難があったこの時期においては，松方大蔵卿の財政改革によって設けられようとしていた煙草税を陸・海軍の軍備拡張に充当しても十分ではないため，以後軍事費を増加させていくことが当面の急務であるとも述べている。また，清国との衝突を想定して，陸・海軍備の拡張の目標を決め，それを実現するための経費についても，明確な意見を示した[439]。

　1886 年 8 月，北洋水師の「定遠」以下戦艦 2 隻，巡洋艦 2 隻が長崎に入港した。これは明らかに示威運動であり日本に強い危機感を与えた。しかし，1891 年に定遠・鎮遠を加えた 8 艦が再び日本を訪れた時，東郷平八郎は定遠の主砲に兵士の洗濯物が干されていることを直接目撃し，清国海軍の士気が低いことを見抜いている[440]。

　海軍においては，主砲に兵士の洗濯物が干されていることなどあり得ないことであり，このことから東郷は日本と清国における海軍の練度の違いを理解したのであった。清国は，高度な武器を持ち得たとしても，それを十分に活用する人材の育成には関心を払わなかったとも言える。

　しかし，兵器の面で清国海軍が一定の充実度を見せているのは事実であり，これに脅威を感ずるようになった日本は，1888 年の初め頃，国防のあり方に調整を施し，有事に備える防衛態勢の実現に向けて動き出した。

　清国北洋艦隊の主力である砲塔装甲艦定遠級「鎮遠」，「定遠」の 2 隻は，ドイツの最新技術を用いた最新鋭の装甲艦であり，主砲にはクルップ社が清国装甲艦のために製造した 30 センチ砲を 4 門も備えていて，これは東洋最大級の艦砲であった。対する日本は同じクルップ砲 4 門でも威力において劣る 24 センチ砲を搭載する旧式の装甲艦「扶桑」1 艦を持つのみであった。そのため，日本海軍は，巨砲を小型の船体に収める松島型防護巡洋艦（松島・厳島・橋立）3 艦（いわゆる三景艦）を急遽建造した。

三景艦は，清国戦艦「鎮遠」，「定遠」の 2 隻に対抗するため，フランスから招聘した造船技官エミール・ベルタンが設計した。その主砲は 1 門であったが，清国艦隊の主力艦を撃破することが可能なカネー社の 32 センチ砲であり，口径では鎮遠，定遠を上回った。ただし，発射速度は遅く，かつ装甲が薄いこともあり，攻守両面に難点があった[441]。

　日清戦争の黄海海戦では，清国の定遠・鎮遠の両艦の大砲は威力を発揮し，両艦のいずれかから発せられた 30 センチの巨弾を受けて，松島では乗員が一挙に 98 人戦死した。一方，のべ 4 時間半の海戦で三景艦から発砲された砲弾の総数は，松島 4・橋立 4・厳島 5 の合計 13 発であった[442]。つまり，一時間に 1 艦あたり一弾を発したのみであった。しかし，結果的には，日本海軍の艦船は，黄海海戦では一艦も沈没しなかった。その主な原因は，日本が，三景艦進水の後に導入したイギリス製の新式巡洋艦と速射砲を用いて，単縦陣戦法をとったことにある。日本の艦隊は単縦陣の高速で水上を移動し，発砲回数の多い中口径砲で，巨艦以外の清国軍艦を制圧した。

　防護巡洋艦の代表例は以下のようなものであった。

　吉野（防護巡洋艦）は 1892 年にイギリスの造船所で建造した。時速は 22.5 海里で，当時世界最速の軍艦である。排水量が 4,200 トン，口径が 15.2 センチの速射砲と口径が 12 センチ速射砲を 4 基ずつ搭載した[443]。

　秋津洲（防護巡洋艦）の武装は，日本がイギリス企業に依存していたため，アームストロング社産の口径が 15.2 センチの速射砲を採用した。この砲はイギリス前弩級戦艦「ロイヤル・サブリン級」やイタリア前弩級戦艦「レ・ウンベルト級」の副砲にも採用されている優秀砲であった。45.3 キログラムの砲弾を最大仰角 15 度で 9,140 メートルまで届かせることができる。この砲を防盾の付いた単装砲架により舷側ケースメイト（砲郭）配置で片舷 2 基ずつ，計 4 基を配置した。俯仰能力は仰角 15 度・俯角 3 度である。旋回角度は舷側方向を 0 度として左右 150 度の旋回角度を持つ。砲身の俯仰，砲塔の旋回，砲弾の揚弾・装填は主に人力を必要とした。発射速度は 1 分間に 5～7 発であった。ほかに，対水雷艇の迎撃用に，アームストロング社産の口径が 12 センチ単装速射砲を防盾の付いた単装砲架で艦首・甲板上に 1 基ずつ設置し，舷側中央部

に片舷2基ずつ設置した。つまり，計6基を備えていた。また，近接戦闘用として，この時代の軍艦に広く採用されたフランスのオチキス社の口径が4.7センチのオチキス機砲を，単装砲架で8基装備した。さらに，対艦攻撃用に35.6センチの魚雷発射管を計4基装備していた[444]。

　日本は1888年から1893年の間に，海軍の装備を改善すると同時に陸軍の軍制改革と制式兵器の国産化及び軍隊の動員システム，要塞の建設計画などを完成した[445]。日本の軍事の西洋化は1894年までに成し遂げられたといえる。

　日本国内で，実戦への諸準備が整えられつつあった1893年に，川上参謀本部次長ら一行が朝鮮・中国視察を行なっている。まず仁川・ソウルとまわり，朝鮮国王や清国の公使袁世凱らと会談した。その後は日本領事館のある中国の芝罘に立ち寄って天津に行き，北京・唐山・北塘を訪ねた。北京では総理衙門の慶親王，天津で北洋大臣・直隷総督の李鴻章らと会見した。そこから芝罘経由で上海に向い，南京・九江・漢口・漢陽と揚子江をさかのぼり，ふたたび上海に戻って，その後，7月7日に日本へ帰った[446]。

　この訪問中，清国の海防情況を目の当たりにした川上は，清国は恐れるほどの相手ではなくなったと確信をもてるようになった。日清戦争の勃発はそれから一年後のことであった。

おわりに

　本章では，1880年から1894年にかけての北洋の海防軍備を中心に，鉄道・電信を活用するプロイセンの用兵術の導入と陸・海軍の協同防衛体制の構築について論じた。用兵術においては，電信線の敷設は著しく発展し，対外戦争と外交交渉に利用されたが，陸軍の迅速な移動を可能にする鉄道の敷設の進展が遅かった。陸海軍の整備は主に兵器と軍艦の購入を中心に行われ，1890年代の初頭までに海上防衛に当たる海軍艦隊と海岸要所の固定防衛が協力できる防衛体制はほぼ完成した。ところが，鉄道の敷設が進展しなかっただけでなく，陸上を移動して沿岸要衝と海軍に協力移動部隊の整備も進まなかったため，李鴻章が計画した陸・海軍の共同防衛体制の構築は20年に渡って行われたにも

かかわらず，北洋だけにも完成されることはなかった。

結　　論

　1856年から1860年にかけての第二次アヘン戦争によって，近代ヨーロッパの軍事的な優位は，清国の上層部に十分に認識されることになった。特に，1851年より国内で起こっていた太平天国の乱では，清朝の正規軍である八旗・緑営軍がその弱体さを露呈させる一方で，曽国藩・李鴻章らが組織した郷勇や，列強に組織された軍隊が鎮圧の主力となった。これにより軍備の西洋化の必要性はさらに痛感されることとなった。そこで，1861年3月には，清国は，中央政府に総理衙門という新しい機関を設置し，外交事務を管轄させた。この総理衙門の恭親王奕訢を始めとした大臣たちは，太平天国軍と戦う最前線にいた曽国藩・李鴻章らの意見を受け入れ，1860年代から西洋の軍事技術を導入して，清朝の国力増強を目指して動き出した。この動きは，太平天国などの反乱を鎮圧することを急務としてはじまり，ますます国防の建設を推し進める動きに変貌していく。

　同時期に，清国は大量の銃砲や軍艦を輸入するだけではなく，ヨーロッパの近代軍備を自前で整備するために，上海の江南製造局に代表される武器製造工場や造船廠を各地に開設するようになった。さらに，陸海軍学校・西洋書籍翻訳局などが新設された。しかし，清国中央政府では，西洋の優れた文物を取り入れて国力を増強しようとするいわゆる洋務派は常に守旧派と衝突し，1880年代半ば以降は，恭親王奕訢らの勢力は守旧派に圧倒されて改革の勢いは衰えた。1884年と1885年の清仏戦争での苦戦は清軍の旧い軍備体制が時代遅れとなっていることを示した。北洋艦隊の建設を中心とした海防建設は，1894年から1895年にかけての日清戦争の試練に耐えられず，30余年続いた清国の陸海軍力の強化政策は，海防を強化する目標を達成できなかった。

　本書では，以上のような流れに即して，清国の軍事技術政策の変容の内容を各章で具体的に論じた。これにより，次のような結論を得た。

結　論

1　陸軍の兵制改革の断絶

　清末中国は明治日本と同じく，1870年代から本格的に西洋の軍事技術を導入し，国防軍備を強化した。日本は1870年代に国内統一戦争を進める過程で，軍事改革を行い始め，軍制から軍事技術までをすべて西洋化し，1890年代初め頃ドイツ流の国防軍備をほぼ完成し，軍事大国の基盤を固めた。

　これに対して，清国の場合は，従来の正規軍の八旗・緑営軍に抜本的な改革を行うことなく，戦時に召集して組織し，正規軍の補助隊として戦わせ，戦争が終結すれば解散されるという臨時部隊の性格を持つ勇兵を，国防を担う主要部隊とした。この措置は，1860年代以降の太平天国の反乱軍を鎮圧する過程で組織された湘・淮軍が，洋式訓練を受け，戦時に清国政府の主力部隊となったことからはじまる。同時に，清国政府は，正規軍の中から兵員を選び，同じく西洋式の軍事訓練を受けさせ，湘・淮軍の体制で組織し，練軍と称した。こうした兵隊などが，1870年代以降，清国の国防を担う主力兵隊として存続することとなり，防軍と名づけられ，各地の要所の護衛に当たった。

　上述の軍隊の整備において，1870年代以降，主に輸入兵器による後装式銃・砲への切り替えを行った。西洋の歩兵・騎兵・砲兵のような前近代的な軍隊の組織制度を採用しただけで，鉄道・電信を利用する新兵種の創設は試みられず，全国の軍隊を統一的に指揮統率する参謀本部や戦争を効率的に推進するための兵站などを建設することもなかった。

2　最新鋭にこだわる兵器統一政策がもたらしたもの

　1860年代初め，清国の軍備強化政策が発足すると，全国の各省で軍事工場が相次いで建設された。これらは，各地方の軍備増強の需要に応えることを目指していた。1860年代の兵器工場で生産されたのは，主に戦時に大量に消耗される銃砲の弾薬であった。1870年代半ば頃に行われた第一次海防討論の際，清国政府は，当面の急務は陸軍の兵器を改善し，新しい海軍を整備することであるとして，軍備を強化する計画を明確にした。陸軍と海軍の軍備を整えるには，先進兵器を輸入して，兵器を切り換えることから始めるべきであるというのが，政府官僚たちの共通の認識であった。

結　論

　この時，全国各省の督撫大臣たちは，各自の管轄下の軍隊の銃砲をすべて外国から購入するようになった。同じ時期に，清国政府は，将来有事の際，武器の輸入ルートが途絶え，兵器が不足になることを防ぐために，西洋の軍事技術を取り入れて，先進兵器の国産化をはかる計画も立てた。これにより，1870年代後半からは，軍事工場で使う燃料と原料を国内で供給できるようにするという計画が立てられ，次第に実行されていったが，兵器生産を支える原材料と燃料を産出する工業体系は，1894年の日清戦争までには形成されなかった。
　材料のほとんどを輸入に依存したうえで，機械の不統一，技術の未熟さなどのさまざまな欠陥を改善できないまま生産された銃砲は，西洋の銃砲より性能が劣っており，全国の軍隊が制式の兵器として採用できるほどのものではなかった。国内生産が需要に答えられない情況で，軍備の強化が推し進められたため，各軍隊は，必然的に，国産の銃砲ではなく，性能のいい外国産の銃砲を選ぶようになり，中国の兵士は中国産の銃を使わないという現象が起こった。
　清国は，1884年から1885年にかけて清仏戦争を経験し，兵器の国産化の重要性を十分に認識するようになった後，兵器の国内生産に力を入れるようになった。しかしながら，有事に備えるための国防軍備の強化を続けるには，先進兵器の輸入にたよらざるを得なかった。西洋の国々から先進兵器を購入して兵器の統一をおこない，兵器の性能を確保し，兵士の戦闘力を向上させるには，輸入は効率的な方法であるが，一方で，戦時に補給ルートが保障できない，値段が高く，長期間続く戦争や大規模な戦争に十分な量を備蓄するができないなど，不利な点もある。西洋の銃砲の改良によって，国産化・標準化が進み，全国の軍隊が一律に制式兵器を採用するという事態は，1880年代には実現しなかった。1890年代初めには，国産の材料で造られた銃砲が制式兵器として生産されるようになったが，日清戦争に突入すると，ようやく始まった兵器の国内生産と標準化は挫折し，戦時の兵器の補給には不足が生じ，清国はもう一度輸入兵器に頼る軍備強化策の弊害を思い知らされることとなる。

3　軍事技術の体系化が図られなかったことの影響
　李鴻章の海防戦略は，鉄道・電信などの交通手段や通信手段を活用して，全

結　　論

国の陸海軍を随時に移動させ，有事に対応するというものであった。しかし，それが1874年に提案された当時は，清国政府は，万全な対策とは認識しなかった。提出されてから20年の間，対外戦争が起こるたびに，清国政府は李鴻章の案の正当性を認め，わずかずつ実現していった。西洋の軍事技術や軍隊の効率的な運用制度も，必要に応じて徐々に導入されていった。

　1879年，清国政府は，ロシアとの交渉において情報の伝達が遅かったという経験から，李鴻章の提案を採択し，清国最初の電信線路の敷設が実現した。1880年代半ばに清仏戦争を経験した後には，陸軍の戦時対応や軍需品の運輸が鈍かったことにも気づいたが，保守派の反対や軍備強化を担う大臣たちの間の意見の不一致などがあり，軍事用を目的の一つとした鉄道建設が実行に移されたのは，1890年の初頭からであった。鉄道の敷設は，必要が議論されてからおよそ15年たってようやく本格的にはじまったのである。しかし，これは建設途中に中断され，陸軍の移動手段が完成されないまま，清国は日清戦争を迎えた。当時の清国政府は，国防軍備に必要とされる西洋の軍事技術を体系として見たのではなく，必要な時に必要なものだけを取り入れて使える道具や手段としてのみ認識していた。政府のこうした認識は，李鴻章の陸海軍による防衛体制の形成を阻害することとなった。このほかに，西洋からの軍事技術の輸入においては，兵器の改善と軍隊の訓練にこだわり，戦略と戦術の改善を随時に行わなかった。

注

1) 海防とは海からの攻撃に対して国土を防衛することをいう。
2) 本書では，この語によって，1860年代の初めから1890年代の初めにかけて清国の軍事戦略や軍事技術政策の制定に関わった総理各国事務衙門・軍機処・皇帝のことを指すこととする。
3) 洋式訓練とは，17世紀から西欧で普及した陸上戦闘において歩兵・騎兵・砲兵を組み合わせた軍隊の運用術の訓練をいう。
4) 施渡橋『晩清軍事変革研究』(北京：軍事科学出版社，2003年)，273頁。
5) 甲鉄艦とは，装甲艦(Ironclad)のことをいい，木材の骨組みでできた船に鋼鉄の装甲を施した軍艦を指すものである。本書では資料の記述を尊重し，海軍艦隊の大型主力戦艦を甲鉄艦と称した。
6) 『籌辨夷務始末』(咸豊朝)第7冊，第67巻，(北京：中華書局，1979年)，2502頁。原文は「所有和約内所定各条，均著逐款允准，行諸久遠，従此永息干戈，共敦和好，彼此相安以信，即着通行各省督撫大吏，一体按照辨理」。
7) 総理衙門内のほかの職務を各中央政府部門の大臣たちが兼任していたため，総理衙門は1860年代以降，清国の諸外国との交流が深まり，西洋化が進む中で，次第に清国の軍事・外交など外国と関連するすべての仕事を統括的に管轄するようになった。
8) 岡本隆司・川島真編『中国近代外交の胎動』(東京大学出版会，2009年)，95頁。
9) 軍機処とは清国皇帝が軍事など国家の大事な政策決定に意見を求める最高諮問機関である。
10) 徐中約(Immanuel C. Y. Hsü)『中国近代史—The rise of modern China, 1600-2000, 中国的奮闘』計秋楓・朱慶葆訳，第6版(世界図書出版公司北京公司，2008年)，271-272頁。
11) 「発」とは太平天国軍のことを言い，「捻」とは捻軍のことを指す。捻軍とは太平天国と同時期に清に反抗した華北の武装勢力である。「捻」とは淮河北方の方言で，人々の集まりという意味である。捻軍の起源は「捻子」という遊民の集団で，1868年に鎮圧されるまで安徽・河南・山東・江蘇・湖北・陝西・山西・直隷の8省にまで広がっていた。
12) 前掲『籌辨夷務始末』(咸豊朝)第8冊，第72巻，2700-2701頁。原文は「現在撫議雖成，而国威未振，極宜力図振興国威，使該夷順則可以相安，逆則可以有備，以期経久無患。況発捻等尤宜迅図勦辨，内患除則外侮自泯。利査八旗禁軍，素称驍勇，近来攻勦，未能得力，非兵力之不可用，実贍識之未優。若能添習火器，操演技芸，訓練純熟，則器利兵精，臨陣自不虞潰散。現俄国欲送鳥槍一萬桿，礮五十尊。佛国洋槍炸礮等件均肯售賣，並肯派人教導鋳造各種火器」。
13) 前掲『籌辨夷務始末』(咸豊朝)第8冊，第71巻，2675頁。原文は「就今日(1861年1月)之勢論之，発捻交乗，心腹之害也。俄国壤地相接，有蚕食上国之志，肘腋之憂也。英国志在通商……肢体之患也」。
14) 同上。原文は「故滅発捻為先，治俄次之，治英又次之」。
15) 前掲『籌辨夷務始末』(咸豊朝)第2冊，第14巻，499頁。原文は「当此中原未靖，豈可沿海再起風波」。
16) 前掲『籌辨夷務始末』(咸豊朝)第2冊，第15巻，521頁。原文は「当此中原多故，餉糈

注

限難，葉明琛総宜計深慮遠，弭此衅端，既不可意存遷就，止顧目前，又不可一発難収，復開辺患。」
17) 趙佳楹『中国近代外交史：1840～1919』（山西高校聯合出版社，1994年），162-164頁。
18) 僧格林沁，センゲ・リンチン（1811～1865）は，清の将軍。モンゴル族。ボルジギン氏で，『蒙古世系』によるとチンギス・カンの次弟ジョチ・カサルの26代の子孫に当たるという。1857年，アロー（第二次アヘン戦争）戦争が勃発すると天津防衛の欽差大臣に任命され，1859年には大沽の戦いでイギリス・フランス連合軍を破った。しかし1860年，天津が陥落し，彼が率いるモンゴル騎兵軍は通州に撤退した。通州の八里橋でイギリス・フランスの連合軍に惨敗し，モンゴル騎兵軍は全滅した。これによりイギリス・フランスの連合軍は北京に侵攻し，円明園が破壊された。敗北の責任を問われセンゲ・リンチンは爵位を失ったが，欽差大臣の職には留まった。第二次アヘン戦争が終結すると爵位を回復した。1865年に捻軍との戦いで死去。
19) 前掲『籌辨夷務始末』（同治朝）第25巻，2477頁。
20) 前掲『籌辨夷務始末』（咸豊朝）第8冊，第71巻，2675頁。原文は「惟捻熾於北，発熾於南，餉竭兵疲，夷人乗我虚弱，而為其所制」。
21) 同上。
22) 同上。原文は「以和好為権宜，戦守為実事」。
23) 同上。
24) 前掲『晩清軍事変革研究』，34-36頁。
25) 茅海建『天朝的崩潰』（三聯書店，1995年），49頁。
26) 抬銃（英文でJingall, Gingall, Wall Gunという）とは，中国特有の武器。アヘン戦争の時から清国軍に装備されていた。それに，前装滑腔，前装と後込め施条などの種類があって，その構造は歩兵銃に似ている。サイズ・重量・火薬の用量及び威力は歩兵銃より大きい。
27) 趙爾巽・柯劭忞『清史稿』第132巻（中華書局，1977年），3929-3930頁。
28) 前掲『清史稿』（第132巻），3929-3930頁。
29) 前掲『晩清軍事変革研究』，48頁。
30) 前掲『清史稿』（第132巻），3930頁。
31) 前掲『籌辨夷務始末』（咸豊朝）第8冊，第72巻，2701頁。
32) 同上。
33) 前掲『籌辨夷務始末』（咸豊朝）第8冊，第72巻，2704頁。
34) 章京とは武官職の名称。
35) 三口とは，営口・天津・煙台を指す。
36) 上海人民出版社編集，「總理各国事務衙訴等片」『中国近代史資料叢刊』『洋務運動』（3）上海人民出版社，1961年，443-445頁。
37) 前掲『洋務運動』（3），446頁。
38) 前掲『洋務運動』（3），447頁。
39) 前掲『洋務運動』（3），451頁。
40) 火砲に細かい鉄の玉を沢山詰めて発射する砲をいう。
41) 細かい鉄の玉をいう。
42) 前掲『洋務運動』（3），447，448，449頁。
43) 前掲『洋務運動』（3），476，478-479頁。
44) 前掲『洋務運動』(3)，452-453頁。

45）同上。
46）前掲『洋務運動』(3)，457頁。原文は「練兵必先練将」。
47）前掲『籌辨夷務始末』(同治朝) 第10巻，1028頁，または，『籌辨夷務始末』(咸豊朝) 第8巻, 2700頁。
48）前掲『籌辨夷務始末』(同治朝) 第10巻, 1029頁。
49）前掲『洋務運動』(3)，459頁。
50）前掲『洋務運動』(3)，459-460頁。
51）前掲『洋務運動』(3)，462頁。
52）前掲『洋務運動』(3)，464頁。
53）前掲『洋務運動』(3)，469頁。
54）前掲『洋務運動』(3)，481頁。
55）前掲『洋務運動』(3)，482頁。
56）前掲『洋務運動』(3)，484-485頁。
57）前掲『洋務運動』(3)，484頁。
58）前掲『清史稿』(志第一百七・兵三)，3932-3933頁。
59）前掲『晩清軍事変革研究』，48頁。
60）前掲『晩清軍事変革研究』，39-40頁。湘・淮勇営の組織と変遷の歴史について，20世紀の80年代から今までに著された歴史書にほぼ同じく一次資料に基づいた記述があるため，本書では最近の著書として『晩清軍事変革研究』を主な参考資料とする。
61）同上。
62）同上。
63）敵艦から近い位置にある軍艦から敵艦上の乗組員を射撃或いは乗り込んで戦うことをいう。
64）廬嘉錫総編・王兆春校勘『中国科学技術史』「軍事技術巻」(科学出版社，1998年)，323頁。
65）李翰章編纂・李鴻章校勘「請催広東続解洋砲片」『足本曾文正公全集』(奏稿) 第3巻，(吉林人民出版社，1995年)，420頁。
66）前掲「遵旨安徽省域仍建在安慶折」『足本曾文正公全集』(奏稿) 第15巻，842-843頁。原文は「目下大江水師帰彭玉麟，楊載福等統率者，船隻至千余号之多，砲以位至二三千尊之富，実頼逐年積累，成此巨観。将来事定之後，利器不宜浪抛，勁旅不宜裁撤，必添設欽額若干，安挿此水師，而即以壮我江防，永絶中外之窺伺。」
67）天京とは，現在の南京のことをいう。
68）前掲『晩清軍事変革研究』，43-44頁。
69）同上。
70）同上。
71）崔卓力編『李鴻章全集』(朋僚函稿) 第2巻 (時代文芸出版社，1998年)，3101頁。原文は「洋槍（銃）実為利器，和（春）張（国良）営中雖有此物，而未操練隊伍，故不用。」
72）羅爾綱『晩清兵志』第1巻「淮軍志」(中華書局，1997年)，45頁。
73）トーマス・ケネディー「江南製造局：李鴻章と中国近代軍事工業の近代化（1860-1895）」(3) 細見和弘訳『立命館経済学』第60巻・第1号 (2011年5月)，88頁。
74）前掲『籌辨夷務始末』(咸豊朝) 第8冊，第72巻, 2700-2701頁。
75）前掲『籌辨夷務始末』(咸豊朝) 第8冊，第72巻, 2701頁。
76）前掲『籌辨夷務始末』(咸豊朝) 第8冊，第71巻, 2669頁。原文は「此次款議雖成，中

注

国豈可一日而忘備。……無論目前資夷力以助剿済運，得紓一時之憂。将来師夷智以造砲製船，尤可期永遠之利。」

77)　前掲『籌辦夷務始末』（咸豊朝）第 8 冊，第 72 巻，2696 頁。原文は「曽国藩又将来師夷智以造砲製船，尤可期永遠之利。臣等正擬籌画辨理。查康熙年間，平定三藩，曾用西洋人製造槍砲，頗為其力。此時夷情雖逈非昔比，而佛夷槍砲均肯售賣，並肯派匠役教導製造。倘酌雇夷匠数名，在上海製造，用以剿賊，勢屬可行，応請飭下曽国藩，薛煥酌量辨理。」

78)　前掲『籌辦夷務始末』（咸豊朝）第 8 冊，第 72 巻，2696 頁。原文は「……至佛夷銃砲既肯售売，併肯派匠役教習製造，着曽国藩，薛煥酌量辨理」

79)　『中国近代兵器工業―清末至民国的兵器工業』（国防工業出版社，1998 年），136 頁。

80)　「曽国藩日記，咸豊十一年至同治二年，在安慶」（『曽文正公手書日記』第 14 巻，同治元年 7 月 4 日），前掲『中国近代工業史資料』（第一輯）上冊，249-250 頁所収。

81)　「曽国藩日記，咸豊十一年至同治二年，在安慶」（『曽文正公手書日記』第 16 巻，同治 2 年正月 8 日），前掲『中国近代工業史資料』（第一輯）上冊，250 頁所収。

82)　「同治七年九月二日，直隷総督曽国藩：新造輪船摺」〔『曽文正公全集』（奏稿）第 27 巻，7-10 頁〕，前掲『中国近代工業史資料』（第一輯）上冊，250-251 頁所収。

83)　1864 年にイギリスの軍人シェラード・オズボーン（Sherard Osborn，中国名は阿思本）の率いた海軍艦隊を購入したが，清国の必要に適しなかったためにすぐ本国に帰還させた。

84)　前掲『中国近代兵器工業―清末至民国的兵器工業』，136-137 頁。

85)　フレデリック・タウンゼント・ウォード（1831～1862）は，アメリカのマサチューセッツ州セーラムに生まれ，軍事を学んだことがあり，国外を放浪して，メキシコ及びフランスの軍隊に加わったこともある冒険家であった。1859 年に，彼は戦乱の清国を目指し，一人で上海へ来て，太平天国の反乱軍の鎮圧に参加した。

86)　前掲『晩清兵志』第 1 巻，「淮軍志」，45 頁。

87)　前掲『籌辦夷務始末』（同治朝）第 5 巻，436 頁。

88)　前掲『籌辦夷務始末』（同治朝）第 10 巻，1029 頁。原文は「以上各口（上海，天津，寧波，広州，福州など），除学習洋人兵法外，仍応認真学習洋人製造各項火器之法，務須得其密伝，能利攻剿，以為自強之計。」

89)　炸弾三局は江蘇省炸弾三局と言われる，または，上海の炸弾三局とも言われる。

90)　「1863 年，馬格里与蘇州守洋砲局」（鮑爾吉『馬格里伝』123-132 頁），前掲『中国近代工業史資料』（第一輯）上冊，256-257 頁所収。

91)　「同治三年四月二十八日，総理各国事務衙門奏摺附江蘇巡撫李鴻章致総理各国事務衙門函」（『同治朝籌辦夷務始末』第 25 巻，4-10 頁），前掲『中国近代工業史資料』（第一輯）上冊，259 頁所収。この 1864 年 6 月 2 日に李鴻章が書いた上奏文の中には，「近頃購入した西洋人のボイラー，旋盤，ボーリングマシン〔…〕と記載されていた。これらの機械は，1864 年の初めに李鴻章は，マッカートニーの勧めで，清国からイギリスへ帰還する艦隊から購入したものである。というのは，容閎が著した著書である『西学東漸記』の 86-91 頁〔前掲『中国近代工業史資料』（第一輯）上冊，269-271 頁所収〕の記載によれば，1863 年に曽国藩が容閎にアメリカへ工作機械を発注させた。容氏が 1864 年の春にニューヨークに到着した当時，ちょうど南北戦争の後半期にあり，当地の機械工場はアメリカ国内向けの生産に覆われていたため，注文した工作機械は半年後に完成され，清国へ運ばれることになった。これから分かるように 1863 年から 1865 年の初めまでに清国は西洋人から兵器生産に使う工作機械を購入する方法はほかにはなかった。

92）「1863 年，馬格里与蘇州洋砲局」(鮑爾吉『馬格里伝』123-132 頁)，前掲『中国近代工業史資料』(第一輯) 上冊，255-256 頁所収。
93）炸弾とは球形榴弾のことをいう。
94）前掲『籌辨夷務始末』(同治朝) 第 25 巻，2488-2490 頁。
95）前掲『中国近代兵器工業—清末至民国的兵器工業』，137-138 頁。
96）「同治七年九月二日，直隷総督曽国藩：新造輪船摺」(『曽文正公全集』奏稿，第 27 巻，7-10 頁)，前掲『中国近代工業史資料』(第一輯) 上冊，276-277 頁所収。
97）「同治七年九月二日，直隷総督曽国藩：新造輪船摺」(『曽文正公全集』奏稿，第 27 巻，7-10 頁)，前掲『中国近代工業史資料』(第一輯) 上冊，277 頁所収。
98）トーマス・ケネディー「江南製造局：李鴻章と中国近代軍事工業の近代化（1860～1895）」(4) 細見和弘訳『立命館経済学』第 60 巻・第 2 号（2011 年 7 月），157-158 頁。
99）前掲「江南製造局：李鴻章と中国近代軍事工業の近代化（1860～1895）」(4)，156 頁。
100）前掲「江南製造局：李鴻章と中国近代軍事工業の近代化（1860～1895）」(4)，161-162 頁。
101）前掲『籌辨夷務始末』(同治朝) 第 25 巻，2477 頁。原文は「無師之学，僅能得大概，而不克究其精微。」。
102）「同治元年八月二十日，三口通商大臣崇厚」(中国科学院経済研究所蔵崇厚奏稿)，前掲『中国近代工業史資料』(第一輯) 上冊，343 頁所収。
103）「同治元年八月二十日，三口通商大臣崇厚」(中国科学院経済研究所蔵崇厚奏稿)，前掲『中国近代工業史資料』(第一輯) 上冊，343-344 頁所収。
104）前掲『籌辨夷務始末』(同治朝) 第 25 巻，2475 頁。原文は「査治国之道，在乎自強。而審時度勢，則自強以練兵為要。練兵又以制器為先。」
105）前掲『籌辨夷務始末』(同治朝) 第 25 巻，2479 頁。原文は「縁旗人居有定所，較易防閑，仍禁民間学習，以免別滋流弊。」
106）前掲『李鴻章全集』(奏稿) 第 7 巻，328 頁。
107）前掲『中国近代兵器工業—清末至民国的兵器工業』，148 頁。
108）復旦大学歴史系・上海師範大学歴史系編『中国近代史』(2)『洋務運動と日清戦争』野原四郎・小島晋治監訳（株式会社三省堂，1981 年），124 頁。
109）前掲『籌辨夷務始末』(同治朝) 第 44 巻，4203 頁。原文は「現在兵部会議章程「練兵需用軍器」条内，亦有由直隷派員在天津設局製造之議。臣等思練兵之要，制器為先，中国所有軍器，固応随時随処選将（匠）購材精心造作，……現在直隷既欲練兵，自応就近地添設総局，外洋軍火機器成式実力講求，以期多方利用。設一旦有事，較往他省調撥，匪惟接済不窮，亦属取用甚便。」
110）「同治五年十二月二十五日，三口通商大臣崇厚奏」(『抄本崇厚奏稿』)，前掲『中国近代工業史資料』(第一輯) 上冊，346 頁所収。原文は「中国所有軍器，固応随時随処選将（匠）購材精心造作，……誠為接済不窮，取運甚便，深謀遠計之至意也。」。
111）「同治六年正月二十三日，三口通商大臣崇厚奏」(『抄本崇厚奏稿』)，前掲『中国近代工業史資料』(第一輯) 上冊，346-347 頁所収。
112）前掲『中国近代工業史資料』(第一輯) 上冊，366 頁。
113）前掲『中国科学技術史』「軍事技術巻」，334 頁。
114）「光緒十一年×月×日，直隷総督王文韶片」(『諭摺彙存』光緒 11 年 12 月 13 日)，前掲『中国近代工業史資料』(第一輯) 上冊，353 頁所収。

注

115) 前掲『中国科学技術史』「軍事技術巻」, 334 頁。
116) 根本地とは, 首都の北京を指す。
117) 前掲『籌辨夷務始末』(同治朝), 第 55 巻, 5177 頁。
118) 南の局とは, 金陵と江南製造局を指す。
119) 前掲『李鴻章全集』(奏稿) 第 17 巻, 752 頁。
120) 張海鵬編『中国近代史』(群衆出版社, 1999 年), 59-60 頁。
121) 左宗棠『左宗棠全集』(奏稿) 第 30 巻 (上海書店, 1986 年), 4695-4696 頁。
122) 同上。
123) 王爾敏『清季兵工業的興起』初版 (中央研究院近代史研究所専刊, 1963 年), 110 頁。
124) 前掲『中国近代兵器工業―清末至民国的兵器工業』, 279 頁。
125) 「同治五年二月二十日, 着官文等妥議自強事宜上諭」(一档『軍機処上諭档』), 前掲『中国近代兵器工業―清末至民国的兵器工業』, 279-280 頁所収。原文は「窺洋人之意, 似目前無可尋釁, 特発此議論為日後借端生事地歩, 若不先事通籌, 恐将来設有決裂, 倉卒更難措置。」
126) 同上。
127) 同上。
128) 「同治五年二月二十日, 着官文等妥議自強事宜上諭」(一档『軍機処上諭档』), 前掲『中国近代兵器工業―清末至民国的兵器工業』, 280 頁所収。原文は「因思外国生事与否, 総視中国之能否自強為定準, ……総在地方大吏, 実力講求, 随時整頓, 日有起色, 俾不至為外国人所軽視, 方可消患未萌, 杜其窺伺之漸。」
129) 同上。
130) 前掲『左宗棠全集』(奏稿) 第 18 巻, 2843-2845 頁。原文は「窃維東南大利在水而不在陸。自広東福建而浙江江南山東直隷盛京以東北, 大海環其三面, 江河以外, 万水朝宗。……無事之時, 以之籌転漕, 則千里猶在戸庭, ……有事之時, 以之籌調発, 則百粤之旅可集三韓, 以之籌転輸, 則七省之儲可通一水, 匪特巡洋緝盗有必設之防, 用兵出奇有必争之道也。況我国家建都於燕, 津沽実為要鎮。自海上用兵以来, 泰西各国火輪兵船直達天津, 藩籬竟成虚設, 星馳飆挙, 無足当之。……欲防海之害而収其利, 非整理水師不可, 欲整理水師, 非設局監造輪舶不可。」
131) 前掲『左宗棠全集』(奏稿) 第 18 巻, 2843-2845 頁。
132) 前掲『左宗棠全集』(奏稿) 第 18 巻, 2843-2845 頁。
133) 前掲『左宗棠全集』(奏稿) 第 18 巻, 2869 頁。原文は「中国自強之道, 全在振奮精神, 破除耳目近習, 講求利用実際。該督擬於閩省択地設廠, 購買機器, 募雇洋匠, 試造火輪船隻, 実係当今応辦急務。……左宗棠務当揀派委員, 認真講求, 必尽悉法洋人製造駕駛之法, 方不致虚糜帑項。所陳各条, 均著照議辦理。」
134) 「同治八年五月十二日, 船政大臣沈葆楨:第一号輪船下水並継続辦各情形摺」(『沈文粛公政書』第 4 巻, 35-37 頁), 前掲『中国近代工業史資料』(第一輯) 上冊, 401-402 頁所収。
135) 前掲『中国科学技術史』「軍事技術巻」, 336 頁。
136) 「同治八十二年六月二十日, 船政大臣沈葆楨:続陳各廠工程並挑験匠徒試令放手自造摺」(『沈文粛公政書』第 4 巻, 59-60 頁), 前掲『中国近代工業史資料』(第一輯) 上冊, 403 頁所収。
137) 「中西見聞録, 1874 年 2 月」, 前掲『中国近代工業史資料』(第一輯) 上冊, 404 頁所収。
138) この表は, 前掲『中国近代工業史資料』(第一輯) 上冊, 405 頁の表を基にし, 潘伝経が著した『福州船政局』(四川人民出版社, 1987 年), 337-340 頁にあったこれらの艦船の時速

と艦種などを参照して制作した。瀋伝経の著した『福州船政局』は福州船政局の創設から衰退までの歴史を描いている。この著作では，福州船政局が創設された背景を述べる際，左宗棠が第二次アヘン戦争の時から蒸気船を国内生産する重要性を認識しており，そのために努力した結果，1866 年に政府の許可を得たとしている。ところが，なぜ 1866 年になって清国政府が彼の造船所の創設を許可したのかに関しての説明が不十分である。本書の第 1 章第 3 節でこの疑問に答えた。

139) この表での尺とは英尺，すなわちフィートのことである。
140) 常式立機とは，蒸気が伝わるシリンダーを縦に置いた旧式蒸気機関を指す。
141) 常式横機とは，蒸気が伝わるシリンダーを横向きにした旧式蒸気機関のことをいう。
142)「同治十三年七月十四日，船政大臣沈葆楨：閩省輪船続行居与造片」（『沈文粛公政書』第 4 巻，68-69 頁）, 前掲『中国近代工業史資料』（第一輯）上冊，406 頁所収。
143)「同治十年三月十日，文煜：第六号輪船開工第七号改造兵船情形摺」（『船政』第 7 巻，5-6 頁），前掲『中国近代工業史資料』（第一輯）上冊，402-403 頁所収。
144) 楊槱『輪船史』（上海交通大学出版社，2005 年），18-22 頁。
145)「同治七年九月二日，直隷総督曽国藩：新造輪船摺」〔『曽文正全集』（奏稿）第 27 巻，7-10 頁〕, 前掲『中国近代工業史資料』（第一輯）上冊，276 頁所収。
146)「同治七年九月二日，直隷総督曽国藩：新造輪船摺」〔『曽文正全集』（奏稿）第 27 巻，7-10 頁〕, 277 頁。
147) 表 2 を魏允恭『江南製造局記』第 3 巻（上海文宝書局，1905 年），55 頁にあった表を基に制作した。その際，松浦章著「江南製造局草創期に建造された軍艦について」『或問』第 20 号（2011 年），4-6, 10-11 頁を参考して，これらの軍艦の時速のデータを利用した。松浦氏のこの研究は主に 1868 年から 1876 年にかけて江南製造局が建造した艦船の配置状況と日本との関係を概観したものだったため，本研究ではその内容の検討をしていない。このほかに，この時期の江南製造局が建造した軍艦の備砲や艦種などの情報を，王家倹著『李鴻章与北洋艦隊—近代中国創建海軍的失敗与教訓』校訂版（三聯書店，2008 年），64 頁を参照した。
148) 原名は「恬吉」, 後に「恵吉」と改められた。
149) 1867 年，江蘇布政使だった丁日昌が三洋艦隊の建設案を提出し，後に「海洋水師章程」を作成し，三洋艦隊が協同作戦を行う考えを具体化した。
150) 前掲『李鴻章与北洋艦隊』, 74 頁。
151) 楊金森・範中義『中国海防史』（下）（海軍出版社，2005 年），792-793 頁。
152)「著李鴻章沈葆楨分別督辦南北洋海防諭，光緒元年四月二十六日」, 張俠ほか編『清末海軍史料』上冊（海洋出版社，1982 年），12 頁所収。
153) 前掲『李鴻章全集』（奏稿）第 24 巻「籌議海防折」光緒 13 年 11 月 2 日，1063 頁。
154) 天津教案とは以下の出来事を指す。1870 年に天津で，幼児が失踪する事件が相次いだ。また，疫病が流行し，育嬰堂という孤児院の子供たちの中にも病死者が現れた。民衆の間で育嬰堂の修道女が幼児を殺害して薬の材料にしているとの噂が広まる中，誘拐犯が捕まり，教会と信者が共犯だと供述した。このため，民衆は教会を襲撃した。これにより，修道女，神父のほかに，外国人や中国人信者が殺害され，フランスの領事館とフランスやイギリスの教会が焼き討ちされた。
155) 前掲『李鴻章全集』（奏稿）第 17 巻，774 頁。
156) 前掲『李鴻章全集』（奏稿）第 17 巻「籌議天津設備事宜折」同治九年十二月一日，773

163

注

頁。
157）「同治十三年七月十四日，船政大臣沈葆楨：閩省輪船続行興造片」（『沈文肅公政書』第 4 巻，68-69 頁）前掲『中国近代工業史資料』（第一輯），上冊，406 頁所収。
158）李建権「李鴻章与晩清対日外交」『国際関係学院学報』（2007 年）第 3 期，26 頁。
159）宝鋆編集『近代中国史料叢刊』『籌辨夷務始末』（同治朝）第 15 巻（文海出版社，1966 年）1549 頁。第 25 巻，2477 頁。第 47 巻，4556 頁。
160）前掲『中国海防史』（下），756 頁。
161）Donald Keene, *Emperor of Japan : Meiji and His World, 1852-1912*. Vol. 1,（Tokyo : Yushodo Co., Ltd. 2004）, p. 216.
162）前掲 *Emperor of Japan : Meiji and His World, 1852-1912*. Vol. 1, p. 217
163）前掲『籌辨夷務始末』（同治朝）第 98 巻，9030 頁。
164）同上。
165）前掲『籌辨夷務始末』（同治朝）第 98 巻，9031-9032 頁。
166）前掲『籌辨夷務始末』（同治朝）第 98 巻，9039-9045 頁。
167）周盛伝，謹擬復陳総署籌辨海防原奏六条，前掲『洋務運動』（1），372 頁。
168）前掲『洋務運動』（1），373 頁。
169）前掲『洋務運動』（1），374 頁。
170）厘金とは，一種の国内関税，もとは太平天国の革命運動を鎮圧する軍費を捻出するために清国政府が徴収したものである。
171）前掲『洋務運動』（1），375 頁。
172）前掲『洋務運動』（1），376 頁。
173）前掲『洋務運動』（1），377 頁。
174）『清実録』第 52 冊「徳宗実録（1）」（中華書局，1987 年），177 頁。
175）前掲『籌辨夷務始末』（同治朝），293 頁。
176）前掲『李鴻章全集』（奏稿）第 19 巻，「籌議製造輪船未可裁轍折」同治 11 年 5 月 15 日，875-876 頁。
177）同上，876-877 頁。
178）同上，877-878 頁。
179）前掲『李鴻章全集』（奏稿）第 24 巻，「籌議海防折」光緒 13 年 11 月 2 日，1068 頁。原文は「其防之之法，大要分為両端：一為守定不動之法。如口内砲台壁塁格外堅固，須抵禦敵船大砲之弾，而砲台所用砲位，須能撃破鉄甲船，又必有守口巨砲鉄船，設法阻挡水路，併蔵伏水雷等器。一為挪移反応之法。如兵船与陸軍多而且精，随時遊擊，可以防敵兵沿海登岸，是外海水師鉄甲船，与守口大砲鉄船，皆断不可少之物矣。」李鴻章が提示したこの沿岸防衛戦略の内容は，希里哈著，傅蘭雅訳『防海新論』「原序」1 頁；第 1 巻，5 頁にあった 2 つの防衛策の内容とほぼ同じだが，もとの 1 番目の防衛策にあった海港を守る水砲台をモニター艦に，2 番目の移動防衛策にあった兵船を甲鉄艦にそれぞれ書き換えをしている。前掲『中国海防史』（下），791 頁では，この二つの海防方法を李鴻章は一般的な海防経験から得たとしか見ていない。
180）前掲『防海新論』第 1 巻，9 頁。
181）前掲『防海新論』第 1 巻，10 頁。
182）同上。
183）前掲『防海新論』第 1 巻，11-12 頁。

184) 前掲『李鴻章全集』(奏稿) 第 24 巻,「籌議海防折」光緒 13 年 11 月 2 日, 1068 頁.
185) 同上.
186) 同上.
187) 同上, 1064-1069 頁.
188) 同上.
189) 前掲『籌辨夷務始末』(同治朝) 第 25 巻, 2477 頁.
190) 前掲『李鴻章全集』(奏稿) 第 24 巻,「籌議海防折」光緒 13 年 11 月 2 日, 1063 頁.
191) 同上, 1065 頁. 原文は「敵従海道内犯, 自須極練水師, 唯各国皆系島夷, 以水為家, 船砲精錬已久, 非中国水師所驟及. 中土陸多於水, 仍以陸軍為立国根基. 若陸軍訓練得力, 敵兵登岸后尚可鏖戦, 砲台布置得法, 敵船進口時尚可拒守.」
192) 同上, 1064-1065 頁.
193) 同上, 1073 頁.
194) 前掲『李鴻章全集』(奏稿) 第 24 巻,「籌議海防折」光緒 13 年 11 月 2 日, 1067 頁.
195) 同上, 1068 頁.
196) 同上, 1069 頁.
197) 同上.
198) 同上.
199) 前掲『中国近代兵器工業—清末至民国的兵器工業』, 284 頁.
200) 前装式滑膛砲のことをいう.
201) 王爾敏『淮軍誌』(中華書局, 1987 年), 97-98 頁.
202) 小沢郁郎『世界軍事史』(同成社, 1986 年), 389-293 頁.
203) 科佩爾・S・平森 (米)『德国近現代史—它的歴史与文化』範德一訳, 上冊 (商務印書館, 1987 年), 309-310 頁.
204) 前掲『李鴻章全集』(奏稿) 第 24 巻, 1066 頁.
205) 同上.
206)『中国近代史料叢刊』『洋務運動』(2)(上海人民出版社, 1961 年), 343 頁.
207) 前掲『洋務運動』(2), 99 頁.
208) 中国語文献には, 林明燈 (登) という.
209) 中国語文献には, 麦提尼 (馬梯尼) または, 亨利麦提尼という.
210) 前掲『晩清軍事変革研究』, 43 頁.
211) 前掲『李鴻章全集』(奏稿) 第 24 巻,「籌議海防折」光緒 13 年 11 月 2 日, 1068 頁.
212) 前掲『李鴻章全集』(朋僚函稿) 第 15 巻,「復潘幼丹節帥」光緒元年 4 月 15 日, 3616 頁.
213) 前掲『李鴻章全集』(朋僚函稿) 第 16 巻, 3669-3670, 3673-3674 頁.
214) 高橋秀直『日清戦争への道』(東京創元社, 1995 年), 110 頁.
215) 前掲『李鴻章全集』(朋僚函稿) 第 15 巻, 3637 頁.
216) 前掲『洋務運動』(2), 338 頁.
217) 前掲『李鴻章全集』(奏稿) 第 24 巻,「籌議海防折」光緒 13 年 11 月 2 日, 1063 頁.
218)「著李鴻章沈葆楨分別督辦南北洋海防諭, 光緒元年四月二十六日」, 前掲『清末海軍史料』上冊, 12 頁所収.
219) 前掲『李鴻章全集』(朋僚函稿) 第 17 巻,「復呉春帆京卿」光緒 3 年 10 月 6 日, 3708 頁.
220) 前掲『李鴻章全集』(奏稿) 第 36 巻,「議購鉄甲船折」光緒 6 年 2 月 29 日, 1450 頁.
221) 前掲『李鴻章全集』(奏稿) 第 37 巻,「定造鉄甲船折」光緒 6 年 6 月 3 日, 1495 頁.『李

注

鴻章全集』（朋僚函稿）第19巻，「復呉春帆京卿」光緒6年7月21日，3792頁。
222) 前掲『李鴻章全集』（奏稿）第36巻，「議購鉄甲船折」光緒6年2月29日，1449頁。
223) 前掲『李鴻章全集』（奏稿）第24巻，「籌辨鉄甲兼請遣使片」同治13年11月2日，1075-1076頁。
224) 同上，1075頁。
225) 同上，1076頁。
226) 同上。
227) 前掲『李鴻章全集』（奏稿）第29巻，「海防経費免再抽撥折」光緒3年8月23日，1255頁。
228) 同上。
229) 前掲『李鴻章全集』（奏稿）第37巻「定造鉄甲船折」光緒6年6月3日，1496頁。
230) 前掲『李鴻章全集』（朋僚函稿）第17巻「復呉春帆京卿」光緒3年10月6日，3708頁。
231) 前掲『洋務運動』(2)，369頁。
232) 前掲『洋務運動』(2)，378頁。
233) 前掲『李鴻章全集』（奏稿）第36巻「議購鉄甲船折」光緒6年2月29日，1449頁。
234) 前掲『李鴻章全集』（朋僚函稿）第17巻「復呉春帆京卿」光緒3年8月15日，3697頁。
235) 前掲『李鴻章与北洋艦隊』，230，232頁。
236) 魏瀚，劉歩蟾は福州船政局の前期と後期学堂の卒業生。同じく1875年3月にフランスとイギリスに造船と軍艦操縦技術を学び，1879年末に帰国した。
237) 前掲『李鴻章全集』（朋僚函稿）第15巻，「復潘幼丹節帥」光緒元年4月15日，3616頁。
238) 前掲『李鴻章全集』（朋僚函稿）第15巻，「復潘幼丹制軍」光緒元年7月19日，3625頁。第15巻，「復潘幼丹制軍」光緒元年11月19日，3636頁。
239)「光緒元年十月十九日，直隷総督李鴻章：上海機器局報銷摺」（『李集』（奏稿）第26巻，13-15頁），前掲『中国近代工業史資料』（第一輯）上冊，290頁所収。
240) 前掲『洋務運動』(2)，496頁。
241) 前掲『李鴻章全集』（朋僚函稿）第16巻「復呉春帆京卿」光緒2年9月14日，3669頁。
242)「光緒七年四月二十六日，署両江総督劉坤一：湊款興造小兵輪船摺」（劉坤一『劉忠誠公遺集・奏稿』第17巻，62-64頁），前掲『中国近代工業史資料』（第一輯）上冊，411頁所収。
243)「同治十三年七月十四日，船政大臣沈葆楨：閩省輪船続行興造片」（『沈文肅公政書』第4巻，68-69頁），前掲『中国近代工業史資料』（第一輯）上冊，406-407頁所収。
244) 同上。
245) すなわち・「芸新」という軍艦である。
246) 新式横・縦蒸気機関とは蒸気が伝わるシリンダーを横向きにした新式蒸気機関と蒸気が伝わるシリンダーを縦に置いた新式蒸気機関のことをいう。
247)「同治十三年十二月一日，船政大臣沈葆楨：購大挖土機船鉄脅新式輪機片」（『沈文肅公政書』第4巻，70-71頁），前掲『中国近代工業史資料』（第一輯）上冊，407頁。
248)「光緒三年四月二十五日，船政大臣呉賛誠：遵旨赴湾並船政事宜布置情形摺」（『船政』第15巻，8-11頁），前掲『中国近代工業史資料』（第一輯）上冊，408頁所収。
249)「光緒五年七月二日，船政大臣呉賛誠：閩廠製輪船支用各款……報銷摺」（『船政』第17巻，19-25頁），前掲『中国近代工業史資料』（第一輯）上冊，409頁所収。
250)「光緒五年七月五日，署両江総督劉坤一復丁日昌函」（劉坤一『劉忠誠公遺集・書牘』第7巻，17-18頁），前掲『中国近代工業史資料』（第一輯）上冊，410頁所収。

注

251）前掲『李鴻章全集』（朋僚函稿）第16巻，「復呉春帆京卿」光緒2年8月23日，3664頁。
252）前掲『李鴻章全集』（朋僚函稿）第17巻,「復呉春帆京卿」光緒3年8月15日，3698頁。
253)「光緒六年三月二十三日，船政大臣黎兆棠：会奏倣造快船請飭南洋協撥銀両以為経始之費片」(『船政』第18巻,6-8頁），前掲『中国近代工業史資料』(第一輯)上冊，409-410頁所収。
254)「光緒七年九月十八日，船政大臣黎兆棠：巡回快船開工日期並籌辨一切情形摺」(『船政』第19巻，17-18頁），前掲『中国近代工業史資料』（第一輯）上冊，411-412頁所収。
255）前掲『福州船政局』，340-342頁。
256）103種にはまた様々な種類の著書と雑誌が含まれていた。
257）前掲『中国科学技術史』「軍事技術巻」，393頁。
258）前掲『中国科学技術史』「軍事技術巻」394-395頁の表を基にこの表を制作した。その際，基になった表に収録されなかった訳書のデータを王爾敏『清季兵工業的興起』初版（中央研究院近代史研究所専刊，中華民国52年），208-212頁から参考した。
259）表4には，1868年から1870年代の初め頃に書かれたと推測される『汽幾問答』，『運規約指』，『泰西採煤』など，著者と刊行年が明確でない訳書は収録しなかった。
260）前掲『晩清兵学訳著在中国的伝播：(1860〜1895)』，171頁。
261) Adrian Arthur Bennett, *John Fryer : the introduction of Western science and technology into nineteenth-century China*, (Harvard University Press, 1967), p. 98.
262）皮明勇「洋務運動時期引進西方海戦理論情況述論」『軍事歴史研究』第1期（1994年），92頁。
263）賈密倫（英）『輪船布陣』巻首，傅蘭雅訳（英），徐建寅記述，14頁。
264）リッサ海戦は，普墺戦争中の1866年7月20日にアドリア海リッサ島（現在はクロアチア領ヴィス島）沖で装甲艦12隻のイタリア軍と装甲艦7隻のオーストリア軍との間で戦われた海戦である。オーストリアの勝利で終わった。
265）前掲『輪船布陣』巻首，14-15頁。
266）前掲『輪船布陣』巻首，15頁。
267）同上。
268）同上。
269）前掲『輪船布陣』巻首，15頁。
270）同上。
271）金楷理・趙元益訳『海戦指要』(『西学大成』長編，兵学三) 1881年，36頁。
272）奴核甫（英）『海軍調度要言』舒高第・鄭昌棪訳（江南機器製造局蔵版，1890年），1-3頁。
273）前掲『晩清兵学訳著在中国的伝播：(1860〜1895)』，172頁。
274）前掲『晩清兵学訳著在中国的伝播：(1860〜1895)』，171頁。
275）前掲『中国科学技術史』「軍事技術巻」，395頁。
276）同上。
277）前掲『李鴻章全集』（奏稿）第24巻，「籌議海防折」光緒13年11月2日，1073頁。
278）前掲『李鴻章全集』（奏稿）第24巻，「籌議海防折」光緒13年11月2日，1074頁。
279）同上。
280）同上。
281）前掲『中国海防史』（下），894-900頁。

注

282）前掲『中国科学技術史』「軍事技術巻」，389 頁。
283）または，北洋武備学堂という。
284）前掲『中国科学技術史』「軍事技術巻」，390 頁。
285）前掲『中国近代兵器工業—清末至民国的兵器工業』，280-281 頁。
286）Edward J. M. Rhoads, *Stepping Forth into the World : the Chinese Educational Mission to the United States, 1872-81.*（Hong Kong : Hong Kong University Press. 2011），pp. 116-118，133.
287）姜鳴『龍旗飄揚的艦隊—中国近代海軍興衰史』（三聯書店，2002 年），140 頁。
288）前掲『李鴻章全集』（朋僚函稿）第 17 巻，「復郭筠仙星使」光緒 3 年 3 月 26 日，3684-3685 頁。
289）前掲『李鴻章全集』（朋僚函稿）第 15 巻，「復郭筠仙廉訪」光緒元年 7 月 21 日，3626 頁。
290）前掲『李鴻章全集』（朋僚函稿）第 16 巻，「復呉春帆京卿」光緒 2 年 8 月 23 日，3664 頁。「復呉春帆京卿」光緒 2 年 10 月 15 日，3674 頁の記載によれば，1876 年 11 月 29 日（光緒 2 年 10 月 14 日），容閎はアメリカで水雷艇の購入交渉を行い，購入が実現すれば国産化することも決まっていた。
291）「1881 年 8 月 26 日，天津的進歩」（『捷報』第 27 巻，214-215 頁），前掲『中国近代工業史資料』（第一輯）上冊，359 頁所収。
292）瀋伝経『福州船政局』（四川人民出版社，1987 年），345-354 頁の表を基に，前掲『李鴻章与北洋艦隊』，222-225 頁にある表からこれらの留学生が帰国した後の職務を参照して表 8，9，10 を制作した。
293）梁巨祥編『中国近代軍事史論文集』（軍事科学出版社，1987 年），221 頁。
294）朱寿朋編・張静蘆ら校訂『光緒朝東華録』全 5 冊（中華書局，1958 年），総 4129 頁。
295）大橋周治『幕末明治製鉄論』（株式会社アグネ，1991 年），383-384 頁。
296）華覚明『中国古代金属技術—銅和鉄造就的文明』（大象出版社，1999 年），567 頁。
297）前掲『李鴻章全集』（朋僚函稿）第 15 巻，「復丁稚璜宮保」光緒元年 7 月 25 日，3627 頁。
298）前掲『李鴻章全集』（朋僚函稿）第 16 巻，「復丁稚璜宮保」光緒元年 8 月 26 日，3665 頁。
299）前掲『李鴻章全集』（朋僚函稿）第 16 巻，「復呉春帆京卿」光緒元年 9 月 24 日，3669 頁。
300）前掲『中国海防史』，836 頁。
301）前掲『中国近代兵器工業—清末至民国的兵器工業』，217-220 頁の表を参考した。
302）前掲『清史稿』（志一百十五・兵十一・製造），4136 頁。
303）前掲『中国近代軍事史論文集』，367-368 頁。
304）前掲『江南製造局記』第 3 巻「製造表・公牘」，65-66 頁。
305）前掲『中国近代工業史資料』（第一輯）上冊 357-358 頁。
306）前掲『江南製造局記』第 7 巻「銃略・歴年傲製各槍表」，17-19 頁。
307）前掲『李鴻章全集』（奏稿）第 38 巻，1524 頁。
308）前掲『中国近代軍事史論文集』，368 頁。
309）前掲『江南製造局記』第 3 巻「製造表・公牘」，65 頁。
310）6 條だった腔線を 7 條にし，口径を小さくし，銃弾を細くした。発射する際の後座力も小さくなった。
311）前掲『江南製造局記』第 3 巻「製造表・公牘」，70 頁。
312）前掲『江南製造局記』第 3 巻「製造表・公牘」，30，32 頁。
313）前掲『江南製造局記』第 3 巻「製造表・公牘」，34 頁。

314）前掲『中国近代工業史資料』（第一輯）上冊，330 頁．
315）前掲『中国近代工業史資料』（第一輯）上冊，334 頁．
316）前掲『李鴻章全集』（奏稿）第 24 巻，「籌議海防折」光緒 13 年 11 月 2 日，1066 頁．
317）前掲『中国近代工業史資料』（第一輯）上冊，302-303 頁．
318）苑書義ほか編『張之洞全集』第二冊（奏議）第 36 巻，「整頓南洋砲台兵輪片」光緒 21 年 2 月 4 日，（河北人民出版社，1998 年），955 頁．
319）前掲『中国近代兵器工業―清末至民国的兵器工業』，242 頁．
320）「光緒二十年十二月四日，盛宣懐致張之洞電」（抄本張之洞電稿），前掲『中国近代工業史資料』（第一輯）上冊，333 頁所収．
321）前掲『江南製造局記』第 3 巻「製造表・公牘」，5-38 頁．
322）前掲『李鴻章全集』（奏稿）第 24 巻，「籌議海防折」光緒 13 年 11 月 2 日，1066 頁．
323）弾丸の外周を鉛で覆ったものであり，柔らかい鉛の被膜にライフリングが食い込むことで，弾丸に回転を与え，弾道を安定させる効果が得られる．この種類の砲弾は日本では西南戦争ですでに実戦で使用された．
324）「光緒四年十月十八日，直隷総督李鴻章：機器局経費奏報摺」（『李文忠公文集・奏稿』第 33 巻，25-27 頁），前掲『中国近代工業史資料』（第一輯）上冊，356 頁所収．
325）「光緒六年十月二十六日，直隷総督李鴻章：機器局経費奏報摺」（『李文忠公文集・奏稿』第 39 巻，11-13 頁），前掲『中国近代工業史資料』（第一輯）上冊，357 頁所収．
326）「光緒九年二月十六日，直隷総督李鴻章：機器局経費奏報摺」（『李文忠公文集・奏稿』第 46 巻，16-18 頁），前掲『中国近代工業史資料』（第一輯）上冊，359-360 頁所収．
327）「光緒十年正月二十一日，直隷総督李鴻章：機器局奏報摺」（『李文忠公文集・奏稿』第 49 巻，6-7 頁），前掲『中国近代工業史資料』（第一輯）上冊，360 頁所収．
328）「光緒十四年六月二十六日，李鴻章致劉瑞芬電」〔『李集』（電稿）9，10〕，前掲『中国近代工業史資料』（第一輯）上冊，364 頁所収．
329）前掲『中国科学技術史』「軍事技術巻」，345 頁．
330）同上．
331）前掲『中国科学技術史』「軍事技術巻」，346，347 頁．
332）また綿火薬ともいい，cotton powder の直訳であり，無煙火薬を指す．
333）『申報』光緒十二年十月十七日，前掲『中国近代工業史資料』（第一輯）上冊，332 頁所収．
334）前掲『李鴻章全集』（朋僚函稿）第 15 巻，「復潘幼丹節帥」光緒元年 4 月 15 日，3616-3617 頁．
335）前掲「総理各国事務奕訢等片」『洋務運動』（一），28 頁．
336）前掲『李鴻章全集・朋僚函稿』第 15 巻，「復潘幼丹節帥」光緒元年 4 月 15 日，3616-3617 頁．
337）関増建ほか『中国近現代計量史稿』（山東教育出版社，2005 年），51-52 頁．
338）前掲『洋務運動』（二），484，485 頁．
339）トーマス・ケネディー「江南製造局：李鴻章と中国近代軍事工業の近代化（1860-1895）」（6）細見和弘訳『立命館経済学』第 60 巻，第 4 号（2011 年 11 月），87 頁．
340）前掲『洋務運動』（三），526 頁．
341）『徳宗景皇帝実録』第 57 冊，第 419 巻（中華書局，1985 年），3330 頁．前掲『光緒朝東華録』，総 4098 頁．

注

342) 前掲『中国近代史—The rise of modern China, 1600-2000 中国的奮闘』, 329 頁。
343) 前掲『李鴻章全集』(奏稿) 第 37 巻,「請催海防経費折」光緒 6 年 6 月 25 日, 1505 頁。
344) 前掲『李鴻章全集』(奏稿) 第 38 巻,「妥籌朝鮮武備折」光緒 6 年 9 月 4 日, 附来函礼単及移部咨件, 1523 頁。
345) 同上。
346) 前掲『李鴻章全集』(奏稿) 第 39 巻,「議復陳本植条陳片」光緒 6 年 12 月 11 日, 1566 頁。
347) 前掲『李鴻章全集』(朋僚函稿) 第 18 巻,「復李丹崖星使」光緒 5 年 6 月 9 日, 3754-55 頁。
348) 前掲『李鴻章全集』(朋僚函稿) 第 19 巻,「復呉春帆京卿」光緒 6 年 7 月 21 日, 3792 頁。
349) 前掲『洋務運動』(2), 378 頁。
350) 望田幸男『ドイツ統一戦争』(株式会社教育社, 1979 年), 124-125 頁。
351) 李雪「電報技術向晩清転移的影響因素分析」『工程研究—跨学科視野中的工程』第 4 巻, 第 1 期 (2012 年 3 月), 85 頁。
352) 牛亜華, 馮立升「近代第一部電磁学著作—電気通標」『物理学史従刊』(1996 年), 42-49 頁。
353) 郵電史編集室編『中国近代郵電史』(人民郵電出版社, 1984 年), 53-54 頁。
354) 前掲『李鴻章全集』(奏稿) 第 24 巻,「籌議海防折」光緒 13 年 11 月 2 日, 1073 頁。
355) 前掲『中国近代郵電史』, 52-53 頁。
356) 前掲『中国近代郵電史』, 54 頁。
357) 前掲『李鴻章全集』(奏稿) 第 38 巻,「請設南北洋電報片」光緒 6 年 8 月 12 日, 1517-1518 頁。
358) 前掲『中国近代郵電史』, 54-55 頁。
359) 前掲『李鴻章全集』(奏稿) 第 44 巻,「創弁電線報銷折」光緒 8 年 8 月 16 日, 1736 頁。
360) 夏維奇「清季電報的建控与中外戦争」『歴史教育』第 14 期 (2010 年), 4 頁。
361) 前掲「電報技術向晩清転移的影響因素分析」『工程研究—跨学科視野中的工程』, 89 頁。
362) 朱従兵『李鴻章与中国鉄路：中国近代鉄路建設事業的艱難起歩』(群言出版社, 2006 年), 84 頁。
363) 李国祁『中国早期之鉄路経営』再版 (台湾：中央研究院近代史研究所, 1976 年), 31 頁。
364) 前掲『李鴻章全集』(奏稿) 第 24 巻, 1073 頁。
365) 前掲『李鴻章与中国鉄路：中国近代鉄路建設事業的艱難起歩』, 122-133 頁。
366) 前掲『李鴻章全集』(奏稿) 第 39 巻,「籌議鉄路事宜折」光緒 6 年 12 月 1 日, 1553-1558 頁。
367) 前掲『中国早期之鉄路経営』, 51-53 頁。
368) 前掲『李鴻章与中国鉄路：中国近代鉄路建設事業的艱難起歩』, 237-238 頁。
369) 前掲『李鴻章与中国鉄路：中国近代鉄路建設事業的艱難起歩』, 254 頁。
370) 前掲『中国早期之鉄路経営』, 83-85 頁。
371) 『申報』光緒二十年二月十六日, 宓汝成編『近代中国鉄路史資料』上冊 (文海出版社, 1977 年), 197 頁所収。
372) 前掲『李鴻章全集』(海軍函稿) 第 2 巻,「論俄日窺韓」光緒 12 年 8 月 18 日, 3964 頁。
373) 孫烈「晩清籌辨北洋海軍時引進軍事装備的思路与渠道—従一則李鴻章致克虜伯的署名信談起」『自然弁証法研究』第 27 巻, 第 6 期 (2011 年), 96 頁。

374) 喬偉（徳）ほか『徳国克虜伯与中国的近代化』（天津古籍出版社，2001 年），56 頁。
375) 前掲『李鴻章全集』（奏稿）第 38 巻，「妥籌朝鮮製器練兵折」光緒 6 年 9 月 27 日，1533 頁。
376) 前掲『徳国克虜伯与中国的近代化』，129 頁。
377) 前掲『徳国克虜伯与中国的近代化』，98 頁。
378) 前掲『李鴻章全集』（奏稿）第 49 巻，「借款購備槍砲折」光緒 10 年正月 27 日，1878 頁。
379) 施丟克爾（徳）『十九世紀的徳国与中国』喬松訳（三聯書店，1963 年），258 頁。
380) 前掲『張之洞全集』第一冊（奏議）第 12 巻，「購配克虜伯解交畿輔各軍所摺」光緒 11 年 9 月 4 日，351 頁。
381) 『十九世紀的徳国与中国』，267 頁。
382) 前掲『晩清軍事変革研究』，44 頁。
383) 前掲『晩清軍事変革研究』，166 頁。
384) 前掲『李鴻章全集』（奏稿）第 72 巻，「復奏停購船械裁減勇営折」光緒 17 年 8 月 8 日，2681-2683 頁。
385) 前掲『李鴻章全集』（海軍函稿）第 2 巻，「論俄日窺韓」光緒 12 年 8 月 18 日，3964 頁。
386) 前掲『晩清軍事変革研究』，166 頁。
387) 前掲『李鴻章全集』（朋僚函稿）第 18 巻，「復瀋幼丹制軍」光緒 5 年 8 月 11 日，3761-3762 頁。李鴻章と瀋葆禎のやり取りから，1879 年 8 月に彼らの甲鉄軍艦の購入活動が，総理衙門とハートに反対されていたことが述べられている。しかし，（第 19 巻），3764 頁の記録から見れば，9 月 4 日に李鴻章はドイツで公使として滞在中の李風苞（リフウホウ）に連絡を取り，議論の結果，甲鉄艦の購入が決定したことが伝えられる同時に，ドイツでの購入活動を直ちに開始するように命じていた。
388) 前掲『李鴻章全集』（朋僚函稿）第 19 巻，「復奉帆京卿」光緒 6 年 7 月 21 日，3792 頁。
389) 前掲『李鴻章全集』（奏稿）第 37 巻，「定造鉄甲船折」光緒 6 年 6 月 3 日，1495-1497 頁。
390) 『李鴻章全集』（朋僚函稿）第 19 巻，「復張幼樵侍講」光緒 6 年 8 月 6 日，3792 頁。
391) 前掲『李鴻章全集』（奏稿）第 40 巻，「鉄甲籌款分別続造折」光緒 7 年 4 月 27 日，1604 頁。
392) 前掲『李鴻章全集』（朋僚函稿）第 19 巻，「復李丹涯星使」光緒 5 年 9 月 24 日，3766 頁。
393) 前掲『李鴻章全集』（朋僚函稿）第 19 巻，「復李丹涯星使」光緒 6 年 6 月 7 日，3788 頁。
394) 『中国近代工業史資料』（第一輯）上冊，295 頁。
395) 前掲『李鴻章全集』（奏稿）第 39 巻，1560-1561 頁。
396) 前掲『洋務運動』（2），496 頁。
397) 前掲『李鴻章全集』（朋僚函稿）第 19 巻，「復黎召民京卿」光緒 6 年 7 月 21 日，3792 頁。
398) 前掲『李鴻章全集』（奏稿）第 45 巻，「議復張佩綸条陳六事折」光緒 8 年 10 月 5 日，1759 頁。
399) 外山三郎『近代西欧海戦史—南北戦争から第二次世界大戦まで』（原書房，1982 年），16 頁。
400) 前掲『李鴻章全集』（朋僚函稿）第 16 巻，「復呉春帆京卿」光緒 2 年 8 月 23 日，3664 頁。また，「復呉春帆京卿」（光緒 2 年 10 月 15 日）によれば容宏もアメリカから時速が 18-25 海里の水雷艇の輸入と国内での建造を提言していた。
401) 前掲『李鴻章全集』（朋僚函稿）第 17 巻，「復呉春帆京卿」光緒 3 年 8 月 15 日，3698-3698 頁。

注

402）前掲『李鴻章全集』(朋僚函稿) 第 17 巻,「復呉春帆京卿」光緒 3 年 10 月 6 日,3708 頁。
403）前掲『李鴻章全集』(朋僚函稿) 第 18 巻,「復呉春帆京卿」光緒 4 年 1 月 8 日,3726 頁。
404）前掲『李鴻章全集』(奏稿) 第 42 巻,「訂購鉄甲快船来華折」光緒 7 年 10 月 11 日,1662 頁。
405）前掲『李鴻章全集』(朋僚函稿) 第 19 巻,「復李丹涯星使」光緒 6 年 6 月 7 日,3788-3789 頁。
406）前掲『李鴻章全集』(奏稿) 第 55 巻,「験収鉄甲快船折」光緒 11 年 10 月 18 日,2094-2095 頁。
407）前掲『李鴻章全集』(奏稿) 第 40 巻,「鉄甲籌款分別続造折」光緒 7 年 4 月 27 日,1604-1605 頁。
408）沈順根・銭秀貞編『中国名艦春秋』(北京：海朝出版社,2000 年),10 頁。
409）前掲『李鴻章全集』(奏稿) 第 44 巻,「議復鄧承修駐煙台折」光緒 8 年 8 月 16 日,1731 頁。
410）前掲『李鴻章全集』(奏稿) 第 44 巻,「議復鄧承修駐煙台折」光緒 8 年 8 月 16 日,1730-1731 頁。
411）前掲『李鴻章全集』(奏稿) 第 44 巻,1732 頁。
412）前掲『李鴻章全集』(奏稿) 第 46 巻,「続造鋼甲快船折」光緒 9 年 2 月 8 日,1781 頁。
413）前掲『李鴻章全集』(奏稿) 第 51 巻,「尖底舢板勢難制勝折」光緒 10 年 9 月 24 日,1973 頁。
414）前掲『李鴻章全集』(奏稿) 第 51 巻,「尖底舢板勢難制勝折」光緒 10 年 9 月 24 日,1973-1974 頁。
415）同上。
416）同上。
417）同上。
418）「着李鴻章等確切籌議海防事宜上諭」光緒 11 年 5 月 9 日,(『光緒朝東華録 (2)』),前掲『中国近代兵器工業—清末至民国的兵器工業』,286 頁所収。
420）前掲『李鴻章全集』(奏稿) 第 72 巻,「巡閲海軍竣事折」光緒 17 年 5 月 5 日,2659 頁。
421）前掲『李鴻章全集』(奏稿) 第 72 巻,「復奏停購船械裁減勇営折」光緒 17 年 8 月 8 日,2682 頁。
422）前掲『李鴻章全集』(朋僚函稿) 第 19 巻,「復李丹涯星使」光緒 5 年 9 月 24 日,3766-3767 頁。
423）前掲『海戦指要』,35 頁。
424）原田敬一『日清戦争』(吉川弘文館,2008 年),45 頁。
425）前掲『近代西欧海戦史—南北戦争から第二次世界大戦まで』,25 頁。
426）賈密倫著『輪船布陣』,14 頁。
427）前掲『近代西欧海戦史—南北戦争から第二次世界大戦まで』,27 頁。
428）1 分間 10 発の砲弾を発射できる。
429）前掲『李鴻章全集』(奏稿) 第 78 巻「海軍擬購新式快砲折」光緒 20 年 2 月 25 日,2853-2854 頁
430）岡本隆司『世界のなかの日清韓関係史—交隣と属国・自主と独立』(講談社,2008 年),85-86 頁。
431）前掲『世界のなかの日清韓関係史—交隣と属国・自主と独立』,84-85 頁。

432) 前掲『洋務運動』(2), 527-528頁。
433) 前掲『洋務運動』(2), 526頁。
434) 前掲『洋務運動』(2), 528頁。
435) 前掲『徳国克虜伯与中国的近代化』, 171頁。
436) 前掲『中国科学技術史』「軍事技術巻」, 360頁の表を基に, 前掲『徳国克虜伯与中国的近代化』, 170-171頁から五管格林砲以外の各砲台砲の種類と生産工場の状況を参考に作成した。
437) この表を, 前掲『中国科学技術史』「軍事技術巻」, 362頁の表を基に, 前掲『徳国克虜伯与中国的近代化』, 174頁の表にあった砲台の種類と陸路砲台に関する内容を参考に制作した。
438) 前掲『中国科学技術史』「軍事技術巻」, 363頁。
439) 大山梓編『山県有朋意見書』(原書房, 1966年), 98頁。
440) 前掲『山県有朋意見書』, 119-120頁。
441) 小笠原長生『聖将東郷平八郎伝』(改造社, 1934年), 165-172頁。
442) 外山三郎(日)『日本海軍史』龔建国・方希和訳(解放軍出版社, 1988年), 25-27頁。
443) 前掲『日清戦争』, 134-135頁。
444) 前掲『日本海軍史』, 28頁。
445) 『世界の艦船増刊　日本巡洋艦史』(海人社　2012年01月号)の図版および解説である「黎明期の巡洋艦」36〜39頁, 同書(阿部安雄)論考「日本巡洋艦の回顧」167-171頁, 同書編集部論考「日本巡洋艦の技術史」174-213頁。
446) 斉藤聖二『日清戦争の軍事戦略』(芙蓉書房出版, 2003年), 16-19, 32-33頁。
447) 前掲『日清戦争の軍事戦略』, 37頁。

参考文献

中国語の文献

資料

1. 宝鋆等編纂『籌辨夷務始末』(同治朝) 台湾：文海出版社，1966 年
2. 北京故宮博物院編集『清光緒朝中法交渉史料』軍機処原檔編印，1933 年
3. 『徳宗景皇帝実録』(第 57 冊) 中華書局，1985 年
4. 傅蘭雅『江南製造局翻訳西書事略』光緒 6 年 (1880)
5. 海軍衙門 (清)『北洋海軍章程』天津石印本，光緒 14 年 (1888)
6. 江南製造局刊行『江南製造局訳書彙刻』(甲編・乙編・丙編)(京都大学人文研究所所蔵，439 冊) 1875-1908 年
7. 劉錦藻撰『清朝続文献通考』(王雲五編，「万有文庫」，第 2 集，十通第十種，全 4 冊) 商務印書館，1936 年
8. 上海交通大学図書館影印史料『晩清洋務運動事類彙鈔』中華全国図書館文献縮微復制センター，1999 年
9. 上海書店編影印史料，左宗棠『左宗棠全集・奏稿』上海書店，1986 年
10. 潘葆楨 (清)『潘文粛公政書』(活版印刷) 1875-1908 年
11. 世界書局編影印史料，曽国藩『曾文正公全集・奏稿』世界書局，1936 年
12. 王彦威輯影印史料『清季外交史料』書目文献出版社，1987 年
13. 王西清・盧梯青 (清) 編『西学大成』上海酔六堂書坊，1895 年
14. 魏允恭『江南製造局記』上海文宝書局，1905 年
15. 文海出版社影印史料楊楷編『中俄交渉記』，積山書局石印本清光緒 23 年 (1897)
16. 呉儒綸『李文忠公全書』(海軍函稿) 清光緒 31 年 (1905) 刊行本
17. 中国書店編影印史料，張之洞著『張文襄公全集』(奏議) 第 13 巻，1990 年
18. 苑書義ほか編『張之洞全集』第一冊，第二冊 (奏議) 河北人民出版社，1998 年
19. 中華書局編影印史料，『清実録』第五十二冊「徳宗実録 (一)」中華書局，1987 年
20. 中華書局影印史料，賈楨ほか編纂『籌辨夷務始末』(咸豊朝) 中華書局，1979 年
21. 朱寿朋編・張静廬ほか校訂『光緒朝東華録』全五冊，中華書局，1958 年

著書

1. 北京師範大学歴史系中国近代史組編『中国近代史資料選編』(上冊) 中華書局，1977 年

2. 北京太平天国歴史研究会編『太平大国歴史論文選』(1949-1978 年) 三聯書店, 1981 年
3. 陳鋒・張篤勒編『張之洞与武漢早期現代化』中国社会科学出版社, 2003 年
4. 陳美東ほか編『中国科学技術史国際学術討論会論文集』中国科学技術出版社, 1992 年
5. 陳玉林『技術史研究的文化転向』東北大学出版社, 2010 年
6. 成曉軍『曽国藩与中国近代文化』重慶出版社, 2006 年
7. 崔卓力編『李鴻章全集』時代文芸出版社, 1998 年
8. 費正清（米）編『剣橋中国晩清史（1800〜1911 年)』（上下巻）中国社会科学院歴史研究所編訳室訳, 中国社会科学出版社, 1985 年
9. 樊百川『清季的洋務新政』上海書店出版社, 2009 年
10. 馮天瑜・陳鋒『張之洞与中国近代化』中国社会科学出版社, 2010 年
11. 馮青『中国近代海軍与日本』吉林大学出版社, 2008 年
12. 傅光明『聆聴大家：悲情晩清四十年』安徽文芸出版社, 2009 年
13. 復旦大学歴史系・上海師範大学歴史系編『中国近代史』(2)黒竜江人民出版社, 1976 年
14. 高時良『中国近代教育資料彙編　洋務運動時期教育』上海教育出版社, 1992 年
15. 高陽『翁同龢伝』中国友誼出版社, 1999 年
16. 関増建ほか『中国近現代計量史稿』山東教育出版社, 2005 年
17. 金楷理・趙元益訳『海戦指要』(『西学大成』長編, 兵学三), 1881 年
18. 許毅『従百年屈辱到民族復興』経済科学出版社, 2002 年
19. 許錫揮『日新月異的矛和盾：近現代技術発展簡史』花城出版社, 1981 年
20. 徐中約（Immanuel C. Y. Hsü）『中国近代史—The rise of modern China, 1600-2000, 中国的奮闘』計秋楓・朱慶葆訳, 第 6 版, 世界図書出版公司北京公司, 2008 年
21. 姜鳴『龍旗飄揚的艦隊—中国近代海軍興衰史』上海交通大学版社, 1991 年
22. 科佩爾・S・平森（米）『德国近現代史—它的歴史与文化』範徳一訳, 上冊, 商務印書館, 1987 年
23. 柯文『伝統与現代性之間：王韜与中国晩清改革』江蘇人民出版社, 1994 年
24. 梁巨祥編『中国近代軍事史論文集』軍事科学出版社, 1987 年
25. 黎仁凱・鐘康模『張之洞与近代中国』河北大学出版社 1999 年
26. 李剛『大清帝国最後十年：清末新政始末』当代中国出版社, 2008 年
27. 李国祁『中国早期之鉄路経営』台湾：中央研究院近代史研究所, 1976 年
28. 李立鋒『悲涼絶唱：関於晩清改革的歴史沈思』南京大学出版社, 2000 年
29. 李細珠『張之洞与清末新政研究』上海書店, 2009 年
30. 廖代茂・楊会国編『中華百年祭・軍事』重慶出版社, 2006 年
31. 林華国『近代歴史縦横談』北京大学出版社, 2005 年

32. 劉兵ほか編『科学技術学技術史二十一講』清華大學出版社，2006 年
33. 廬嘉錫『中国科学技術史』「軍事技術巻」科学出版社，1998 年
34. 羅爾綱『晩清兵志』第 1 巻「淮軍志」中華書局，1997 年
35. ───『緑営兵志―湘軍新志』上海書店，1996 年
36. ───『湘軍兵志』中華書局，1984 年
37. 羅琨・張永山『中国軍事通史』軍事科学出版社，1998 年
38. 宓汝成編『近代中国鉄路史資料』上冊，文海出版社，1977 年
39. 馬駿『晩清軍事揭秘』中央広播電視大学出版社，2008 年
40. 馬克斯・布特（Boot, Max）『戦争改変歴史：1500 年以来的軍事技術，戦争与歴史進程』石詳訳，上海科学技術文献出版社，2011 年
41. 茅海建『天朝的崩潰』三聯書店，1995 年
42. 牛亜華，馮立升「近代第一部電磁学著作―電気通標」『物理学史従刊』遠方出版社，1996 年
43. 潘吉星編『李約瑟文集』（李約瑟博士有関中国科学技術史的論文和演講集），遼寧科学技術出版社，1986 年。
44. 皮明勇『湘軍』山西人民出版社，1999 年
45. 戚其章編『中日戦争』第一冊，中華書局，1996 年
46. ───『甲午戦争史』人民出版社，1990 年
47. 喬還田『洋務運動史研究叙録』天津教育出版社，1989 年
48. 喬偉（徳）・李喜所・劉暁琴『徳国克虜伯与中国的近代化』天津古籍出版社，2001 年
49. 容閎『西学東漸記』商務印書館，1933 年
50. 阮方紀『洋務運動史論文選』人民出版社，1985 年
51. 上海人民出版社編「総理各国事務奕訢等片」『中国近代史資料叢刊』（三）上海人民出版社，1961 年
52. 上海人民出版社編『中国近代史資料叢刊』『洋務運動』上海人民出版社，1961 年
53. 潘毅『中国清代科学技術史』人民出版社，1994 年
54. 潘伝経『福州船政局』，四川人民出版社，1987 年
55. 潘雲龍編『近代中国史料叢刊』「国防与外交」謝曉鐘著，文海出版社，1967 年
56. ───『近代中国史料叢刊』『法越交兵紀』曽根俊虎著，明治 19 年，文海出版社，1966 年
57. ───『近代中国史料叢刊』『近百年来中外関係』胡秋原著，文海出版社，1970 年
58. ───『近代中国史料叢刊』『校邠廬抗議』馮桂芬著，文海出版社，1966 年
59. 沈順根・銭秀貞編『中国名艦春秋』海朝出版社，2000 年

60. 施去克爾（德）『十九世紀的徳国与中国』喬松訳，三聯書店，1963 年
61. 施渡橋『晩清軍事変革研究』軍事科学出版社，2003 年
62. 孫毓棠・汪敬虞編『中国近代工業史資料』第一輯，上冊，科学出版社，1957 年
63. 孫志芳『李鴻章与洋務運動』安徽人民出版社，1982 年
64. 田玄『淮軍』山西人民出版社，1999 年
65. 汪広仁・徐振亜『海国撷珠的徐寿父子』科学出版社，2000 年
66. 王定安『湘軍記』岳麓書社，1983 年
67. 王爾敏『淮軍誌』中華書局，1987 年
68. ───『清季兵工業的興起』初版，中央研究院近代史研究所専刊，1963 年
69. 王宏斌『晩清海防：思想与制度研究』商務印書館，2005 年
70. 王鴻生『世界科学技術史』中国人民大学出版社，2001 年
71. 王家倹『李鴻章与北洋艦隊（校訂版）』三聯書店，2008 年
72. 王天奨『中国近代史文摘』河南人民出版社，1987 年
73. 王兆春『中国火器史』軍事科学出版社，1996 年
74. 王志意『中国近代造船史』海洋出版社，1986 年
75. 王蕓生『六十年来中国与日本』第一巻，生活・読書・新知三聯書店，1979 年
76. 外山三郎（日）『日本海軍史』龔建国・方希和訳，解放軍出版社，1988 年
77. 王尊旺ほか『清代林賢総兵与台海戦役研究』廈門大学出版社，2008 年
78. 夏東元『洋務運動史』華東師範大学出版社，2010 年
79. 謝曉鐘『国防与外交』文海出版社，1967 年
80. 閻清景『伝統与現代之間：伝統中国現代性価値追尋中的西学翻訳与伝播』河南人民出版社，2009 年。
81. 楊金森ほか『中国海防史』上下冊，海軍出版社，2005 年
82. 楊松・鄧力群原・栄孟源重編『中国近代史資料選輯』三聯書店，1979 年
83. 姚錫光著，李吉奎整理『東方兵事紀略』中華書店，2010 年
84. 郵電史編集室編『中国近代郵電史』人民郵電出版社，1984 年
85. 苑書義・秦進才『張之洞与中国近代化』1999 年
86. 苑書義『李鴻章伝』人民出版社，2004 年
87. 張静廬編『中国近代出版史料』初編，中華書局，1957 年
88. 張同楽ほか『中国近代史通鑑，1840〜1949』紅旗出版社，1997 年
89. 張海鵬編『中国近代史』群衆出版社，1999 年
90. 張俠ほか編『清末海軍史料』上下冊，海洋出版社，1982 年
91. 趙爾巽・柯劭忞『清史稿』第 14 冊，中華書局，1977 年

92. 趙佳楹『中国近代外交史：1840～1919』山西高校聯合出版社，1994 年
93. 趙錢寒『火薬的発明』第一輯，中華叢書・国立歴史博物館歴史文物叢刊，台湾書店，1960 年
94. 『中国近代兵器工業』編集委員会編集『中国近代兵器工業—清末至民国的兵器工業』北京：国防工業出版社，1998 年
95. 中国科学院近代史研究所編『洋務運動』上海人民出版社，2000 年
96. 中国史学会編『捻軍』全 6 冊，上海人民出版社，1961 年
97. ―――――『中法戦争』全 7 冊，上海人民出版社，1961 年
98. 中華文化復興運動推行委員会編『中国近代現代史論集』第九編，台湾商務印書館，1985 年
99. 朱従兵『李鴻章与中国鉄路：中国近代鉄路建設事業的艱難起歩』群言出版社，2006 年
100. 祝慈寿『中国近代工業史』重慶出版社，1989 年
101. 自然科学史研究所技術史組編『科技史文集』第九輯：技術史專輯，上海科学技術出版社，1982 年

論文

1. 曹全来『国際化与本土化』（中国政法大学博士論文 2004 年）
2. 車桂林「中国近代外交体制演変略議」『時代文学・理論学術』2007 年第 7 期，195-196 頁
3. 陳勁松「中国実践近代化第一人李鴻章」『江淮文史』2009（01），167-176 頁
4. 陳曉晶『康有為国防建設思想述論』新疆大学修士論文，2010 年
5. 陳燕玲『早期維新思想与戊戌変法』福建師範大学修士論文，2010 年
6. 程偉『李鴻章洋務新政思想研究』東北大学修士論文，2009 年
7. 方偉君「試析李鴻章的外交思想和活動」『斉斉哈爾大学学報（哲学社会科学版）』，2005 年 7 月，60-62 頁
8. 高波『李鴻章形象研究』華東師範大学修士論文，2011 年
9. 何平立「略論晩清海防思想与戦略」，『上海大学学報』（社科版）第 3 期，1992 年，43-50 頁
10. 胡博実「晩清海防観述論」，『黒竜江教育学院学報』第 28 巻，第 1 期，2009 年 1 月，98-99 頁
11. 黄凱『火器引進与淮軍軍事改革』国防科学技術大学修士論文，2010 年
12. 鞠海龍「晩清海防与近代日本海権之戦略比較」『中州学刊』第 1 期，2008 年 1 月，206-210 頁
13. 李斌『晩清海軍中留学生群体研究』東北師範大学修士論文，2009 年

14. 李紅呂『論十九世紀七，八十年代国人日本観変化』遼寧大学修士論文，2011 年
15. 李建権「李鴻章与晩清対日外交」『国際関係学院学報』2007 年，第 3 期，26-30 頁
16. 李揚帆「啊，海軍！」『世界知識』2007（03），64 頁
17. 李志茗「勇営制度：清代軍制的中間形態」『史林』2006 年，第 4 期，29-34 頁
18. 李中省『総理衙門与美洲華工』湘潭大学修士論文，2011 年
19. 李雪「電報技術向晩清転移的影響因素分析」『工程研究—跨学科視野中的工程』第 4 巻，第 1 期，2012 年 3 月，85-94 頁
20. 林鑫『福建船政学堂的弁学特色，成効及啓示研究』福建師範大学修士論文，2009 年
21. 劉保昌「中国近代外交思潮与伝統文化」『武漢教育学院学報』第 17 巻，第 4 期，1998 年 8 月，60-67 頁
22. 劉敬敬『黄群憲政実践研究』温州大学修士論文，2010 年
23. 劉連芳『周盛伝与盛軍述略』東北師範大学修士論文，2011 年
24. 劉曉琴「徳国克虜伯与中国近代軍事教育」，『天津師範大学学報』（社科版），第 3 期，2001 年，31-36 頁
25. 劉璿『証道与成仁』復旦大学修士論文，2011 年
26. 劉中民「左宗棠的海防思想（上）」『海洋世界』2009（09），55-57 頁
27. ———「左宗棠的海防思想（下）」『海洋世界』2009（10），73-75 頁
28. ———「林則徐的海防思想（上）」『海洋世界』2009（03），71-73 頁
29. ———「李鴻章的海防思想（下）」『海洋世界』2009（08），76-79 頁
30. ———「丁日昌的海防思想（上）」『海洋世界』2010（01），70-72 頁
31. ———「馬建忠的海防思想（上）」『海洋世界』2010（08），63-64 頁
32. ———「馬建忠的海防思想（下）」『海洋世界』2010（09），67-69 頁
33. ———「王韜的海防思想（上)」『海洋世界』2010（10），60-61 頁
34. ———「張之洞的海防思想（下）」『海洋世界』2010（05），60-62 頁
35. 閔紅武・李慧芹「論晩清外交思想的演変歴程」，『重慶科技学院学報』（社会科学版），2008 年，第 9 期，147-148 頁
36. 聶金凱『袁世凱在朝鮮的活動与近代中朝日関係』東北師範大学修士論文，2010 年
37. 皮後鋒「厳複与天津水師学堂」『福建論壇』（人文社会科学版），2009（01），71-79 頁
38. 皮明勇「洋務運動時期引進西方海戦理論情況述論」『軍事歴史研究』1994 年（01），89-97 頁
39. 戚海瑩「李鴻章与北洋海軍的創建」『東嶽論叢』2008（06），139-141 頁
40. 戚其章「李鴻章与中日琉球交渉」『歴史教学（高校版）』2007 年，第 3 期，11-15 頁
41. 蘇小蘭『赫徳与中葡澳門交渉』東北師範大学修士論文，2010 年

42. 孫烈「晩清籌辨北洋海軍時引進軍事装備的思路与渠道――従一則李鴻章致克虜伯的署名信談起」『自然弁証法研究』第 27 巻，第 6 期，2011 年，93-97 頁
43. 談衛軍『1864 年至 1875 年清政府收復新疆的態度探微』河北師範大学修士論文，2010 年
44. 譚樹林「也談晩清幼童留美計畫中途夭折的原因――以李鴻章対幼童留美計畫的転変為中心」『安徽史学』2009（05），50-57 頁
45. 湯鋭「中国早期現代化運動中的留学教育――留美与留歐的比較」『鄭州航空工業管理学院学報』（社會科学版），2010（03），51-55 頁
46. 唐博「晩清国防建設中之克虜伯元素」『中国文化報』，2010 年 8 月 17 日，第 006 版，1-2 頁
47. 唐純立「論晩清海權思想与海防建設」『科技資訊』2010（06），147-149 頁
48. 田麗君『李鴻章海防思想与海軍教育実践研究』西北師範大学修士論文，2011 年
49. 王凱「洋務運動時期的留学生派遣制度研究」『山西煤炭管理幹部学院学報』2008（03），133-136 頁
50. 王秀麗「李鴻章研究綜述」『聊城大学学報』（社會科学版）2009（02）
51. 王益書『中日修好條規再探討』東北師範大学修士論文，2011 年
52. 王兆輝「晩清軍工戰略与近代中国的軍事現代化進程」『湖南科技学院学報』第 29 巻，第 3 期，2008 年 3 月
53. 魏曉鍇『中法越南交渉中的文化衝突』広西師範大学修士論文，2010 年
54. 夏泉「晩清早期駐外公使変革思想述評」『湛江師範学院学報』第 22 巻，第 1 期，2001 年 2 月，75-80 頁
55. 夏維奇「清季電報的建控与中外戰争」『歴史教育』第 14 期，2010 年，3-12 頁
56. 徐振亜「徐寿父子対中国近代化学的貢献」『大学化学』第 15 巻，第 1 期，2000 年 2 月，58-62 頁
57. 徐征『太平天国与義和団運動的農民闘争心態之比較研究』山東大学修士論文，2010 年
58. 閻俊俠『晩清兵学訳著在中国的伝播：（1860～1895）』復旦大学博士学位論文，2007 年
59. 顔志『早期維新派算学話語研究』蘇州大学修士論文，2011 年
60. 楊文海「晩清教育宗旨的嬗変与近代教育思想的確立」『広西社会科学』第 2 期，2009 年，79-82 頁
61. 楊曉東『船政留学生對晩清海軍科技与実業貢献考察』山西大学修士論文，2010 年
62. 於敏・鄭傳偉「李鴻章与新式学堂研究」『内蒙古農業大学学報』（社會科学版）2010（01），315-316 頁
63. 張傳磊『晩清駐外使臣与西方近代軍事技術引進（1875～1895）』国防科学技術大学修士論文，2010 年

64. 張芳「清朝後期国防思想芻議」『軍事歴史』第 5 期，2009 年，44-47 頁
65. 張海華「李鴻章海防思想試析」『軍事歴史』2002（05），68-71 頁
66. 張林「論李鴻章的海防思想」『科技資訊』2009（30），517 頁
67. 張珊珊『論赫徳在晩清四大借款中的作用（1894～1898）』東北師範大学修士論文，2011 年
68. 張新宇『何如璋的日本認識』東北師範大学修士論文，2011 年
69. 張秀娟「論李鴻章海防建設思想」『貴陽学院学報』（社會科学版）2006（04），25-29 頁
70. 張彥芝『晩清洋務学堂（1862-1901）教育経費研究』西北師範大学修士論文，2011 年
71. 張芸騰「国防教育的歴史啓示―以晩清軍事学堂為例」『綏化学院学報』2009（04），37-38 頁
72. 趙健『李鴻章創弁洋務述評』江西師範大学修士論文，2010 年
73. 鐘偉『早期維新派的教育思想研究』湘潭大学修士論文，2011 年
74. 周蘭蘭『両江総督時期的曽国荃』東北師範大学修士論文，2011 年
75. 周益鋒著『晩清海防思想研究』西北大学博士論文，2004 年
76. 朱海伍「論李鴻章的海防思想」『法制与社會』2009（11），354 頁

日本語の文献

著書

1. アルフレッド・セイヤー・マハン『マハン海上権力史論』北村謙一訳，株式会社減書房，2008 年
2. 池田誠『中国工業化の歴史―近現代工業発展の歴史と現実』法律文化社，1982 年
3. 小笠原長生『聖将東郷平八郎伝』改造社，1934 年
4. 大山梓編『山県有朋意見書』（明治百年史叢書）原書房，1966 年
5. 小沢郁郎『世界軍事史』同成社，1986 年
6. 岡本隆司『馬建忠の中国近代』京都大学学術出版会，2007 年
7. ―――『世界のなかの「日清韓関係史」』(交隣と属国・自主と独立) 講談社，2008 年
8. 岡本隆司・川島真編『中国近代外交の胎動』東京大学出版会，2009 年
9. 小倉晋治『太平天国革命の歴史と思想』研文出版，1978 年
10. 川島真『中国近代外交の形成』名古屋大学出版会，2004 年
11. 坂野正高『中国近代化と馬建忠』東京大学出版会，1985 年
12. 佐々木稔編『火縄銃の伝来と技術』吉川弘文館，2003 年
13. 斉藤聖二『日清戦争の軍事戦略』芙蓉書房出版，2003 年

14. ジョン・キーガン『戦略の歴史』(抹殺・征服技術の変遷)遠藤利国訳，心交社，1997 年
15. 篠原宏『海軍創設史』リブロポート，1986 年
16. 鈴木淳『科学技術政策』山川出版社，2010 年
17. 外山三郎『近代西欧海戦史』原書房，1982 年
18. 高橋典幸ほか『日本軍事史』吉川弘文館，2006 年
19. 高橋秀直『日清戦争への道』東京創元社，1995 年
20. C. M. チポラ『大砲と帆船―ヨーロッパの世界制覇と技術革新』大谷隆昶訳，平凡社，1996 年
21. 崔碩莞『日清戦争への道程』吉川弘文館，1997 年
22. 橋本毅彦『〈標準〉の哲学』(スタンダード・テクノロジーの三〇〇年)講談社，2002 年
23. 原田敬一『日清戦争』吉川弘文館，2008 年
24. 復旦大学歴史系・上海師範大学歴史系編『中国近代史』(2)『洋務運動と日清戦争』野原四郎・小島晋治監訳，株式会社三省堂，1981 年
25. 藤原彰『日本軍事史』(上巻) 戦前編，社会批評社，2006 年
26. 松丸道雄ほか編『世界歴史大系「中国史 5―清末～現在―」』山川出版社，2002 年
27. 室山義正『近代日本の軍事と財政』東京大学出版会，1984 年
28. 望田幸男『ドイツ統一戦争』株式会社教育社，1979 年
29. 吉田忠・李廷挙編『日中文化交流史叢書』第 8 巻，科学技術，大修館書店，1998 年
30. 渡辺幾治郎『基礎資料　皇軍建設史』(東京照林堂蔵版) 共立出版，昭和 19 年

論文
1. 朝井佐智子「清国北洋艦隊来航とその影響」『愛知淑徳大学現代社会研究科研究報告 4』2009 年，第 58 巻，第 6 号，2008 年 1 月，57-71 頁
2. 閻立「朝貢体制」と「条約体制」のあいだ―清末中国人の日本語学習の開始―」，『大阪経大論集』第 58 巻第 6 号，2008 年 1 月
3. 桑田悦「日清戦争前の日本軍の大陸進攻準備説について」『軍事史学』通巻 119 号，第 30 巻，第 3 号，1994 年 6 月，4-18 頁
4. 区建英「中国のナショナリズム形成―日清戦争後の移り変わりと辛亥革命―」，『新潟国際情報大学情報文化学部紀要』2009 年 3 月
5. 久保田正志「日本における鉄砲の普及とその影響」(兵力の自然限界の下での死傷率上昇がもたらしたもの―)，『軍事史学』通巻 160 号，第 40 巻，第 4 号，2005 年 3 月
6. トーマス・ケネディー「江南製造局：李鴻章と中国近代軍事工業の近代化（1860-

7. ─────────────「江南製造局：李鴻章と中国近代軍事工業の近代化（1860-1895）」(2)『立命館経済学』細見和弘訳第59巻，第4号，2010年11月，537-547頁

8. ─────────────「江南製造局：李鴻章と中国近代軍事工業の近代化（1860-1895）」(3)『立命館経済学』細見和弘訳，第60巻，第1号，2011年5月，87-104頁

9. ─────────────「江南製造局：李鴻章と中国近代軍事工業の近代化（1860-1895）」(4)『立命館経済学』細見和弘訳，第60巻，第2号，2011年7月，271-291頁

10. ─────────────「江南製造局：李鴻章と中国近代軍事工業の近代化（1860-1895）」(5)『立命館経済学』，細見和弘訳第60巻，第3号，2011年9月，474-491頁

11. ─────────────「江南製造局：李鴻章と中国近代軍事工業の近代化（1860-1895）」(6)『立命館経済学』細見和弘訳，第60巻，第4号，2011年11月，582-599頁

12. ─────────────「江南製造局：李鴻章と中国近代軍事工業の近代化（1860-1895）」(7，完)『立命館経済学』細見和弘訳，第60巻，第5号，2012年1月，747-774頁

13. 高瀬充「明治時代における日本人の中国探検旅行とその紀行調整」『高校教育研究』第36巻，1984年11月，1-19頁

14. 田育誠「清末中国における西洋近代産業導入に貢献した外国人」，『国際経営論集』第28巻，2004年1月，69-90頁

15. ─────「洋務運動時期における中国近代技術産業の導入と発展の研究（2）」，『国際経営論集』第30巻，2005年11月，37-63頁

16. ─────「洋務運動時期における中国近代技術産業の導入と発展の研究（3）」，『国際経営論集』第31巻，2006年3月，135-168頁

17. ─────「洋務運動時期における中国近代技術産業の導入と発展の研究（4）」，『国際経営論集』第32巻，2006年11月，103-131頁

18. ─────「洋務運動時期における中国近代技術産業の導入と発展の研究（5）」，『神奈川大学国際管理回顧』第34巻，2007年10月，75-86頁

19. 張琢「中国社会史と社会学史（2）──清代末期の維新と社会学──」星明訳，『社会学部論集』第44号，2007年3月

20. 永田小絵「中国清朝における翻訳者および翻訳対象の変遷」『翻訳研究』，第6期，2006年，207-228頁

21. 西里喜行「洋務派外交と亡命琉球人（1）：琉球分島問題再考」，『琉球大学教育学部紀要』第一部・第二部，第361990年3月，55-86頁

22. ─────「洋務派外交と亡命琉球人（2）：琉球分島問題再考」『琉球大学教育学部

紀要』第一部・第二部第37巻，1990年12月，85-119頁
23. ―――『冊封体制の解体と清末知識人の東アジア認識―台湾・琉球・越南・朝鮮問題を通して』琉球大学学術リポジトリ，1990年3月
24. 松浦章「江南製造局草創期に建造された軍艦について」『惑問』第20号，2011年，1-16頁
25. 山城智史『日清琉球帰属問題と清露イリ境界問題―井上馨・李鴻章の対外政策を中心に』法政大学リポジトリ，法政大学沖縄文化研究所，2011年3月，41-80頁
26. 横山宏章「中国伝統的「以夷制夷」戦略―清末から現代まで―」『県立長崎シーボルト大学国際情報学部紀要』創刊号，2000年12月，263-271頁
27. 劉迪「中国の連邦主義諸問題」『早稲田大学法学会』2001年3月，1-16頁
28. 和田博德「越南輯略について――中国人の東南アジア知識と清仏戦争―」『史学』第44巻，第4号，1972年4月，393-414頁

英語の文献

1. Bennett, Adrian Arthur, *John Fryer : the Introduction of Western Science and Technology into Nineteenth-century China*, Cambridge, Mass.: East Asian Research Center, Harvard University, Distributed by Harvard University Press, 1967.
2. Kennedy, Thomas L, *The Arms of Kiangnan : Modernization in the Chinese Ordnance Industry, 1860-1895*, Boulder, Westview Press, 1978.
3. Keene, Donald, *Emperor of Japan : Meiji and His World, 1852-1912*. Vol. 1, Tokyo: Yushodo Co., Ltd., 2004.
4. Rhoads, Edward J. M., *Stepping Forth into the World : the Chinese Educational Mission to the United States, 1872-81*, Hong Kong: Hong Kong University Press, 2011.
5. Simpson, Edward, *A Treatise on Ordnance and Naval Gunnery : Compiled and Arranged as a Text Book for the U. S. Naval Academy*, 2nd ed., rev. and enl., New York: D. Van Nostrand, 1863.
6. Von Scheliha Victor E. K. R., *A Treatise on Coast Defence*, London: E. & F. N. Spon, 1868.

謝　辞

　本書は，2014年東京大学における筆者の博士論文に基づき，その後の新たな知見，研究成果を盛り込んだものである。博士論文の完成には，橋本毅彦先生，岡本拓司先生，廣野喜幸先生，石原孝二先生から構想，文献・資料の調査，分析まで多方面にわたって貴重なアドバイスを頂いた。また，早稲田大学の加藤茂生先生には論文をまとめあげるのにかかせない貴重なコメントを頂いた。この他に山梨県立大学の名和敏光先生，群馬県「NIPPON　へいわ学院」の小澤賢二先生は苦労をかえりみず，拙論の原稿にいろいろ修正をくわえてくださったことに深く感謝する。

　本書の出版に際しては，臨川書店の工藤健太氏に大変お世話になった。本書は中国国家社科基金項目（17BZS123, 批准号：AF090010）の援助で出版されることになり，ここで感謝の念を申し上げる。

2019年11月

索　引

[あ行]

秋津洲　*149*
アームストロング　*67, 102, 107-109, 112, 131, 139, 142*
イェール大学　*95*
魏瀚　*74, 97*
威海衛　*129, 136, 141, 142, 144, 146*
英国水師考　*90, 91*
王徳鈞　*37, 82*
運規約指　*49*
英仏連合軍　*23, 27*
ウェイド（Thomas Francis Wade）　*44*
ウォード（Frederick Townsend Ward）　*35*
奕訢　*14, 21, 22, 27-29, 33, 34, 39, 58, 153*

[か行]

カノン砲　*37, 145, 146*
回特活徳鋼砲説　*89, 107*
賈歩緯　*82*
カール・トラウゴット・クレイヤー　*17, 82*
韓殿甲　*36, 37, 40*
キンダー（Claude William Kinder）　*126*
克虜伯砲図説（克虜伯砲説）　*83, 84*
克虜伯砲操法　*83, 84*
克虜伯砲表　*83, 84*
克虜卜砲薬弾造法　*83, 84, 93*
艦載砲　*50, 85, 108, 112, 133, 138, 139*
海軍衙門　*136, 139*
海戦指要　*88, 90*
火器営　*23, 25, 27, 28, 34, 39, 40*
艦載砲　*50, 85, 108, 112, 133, 138, 139*
ガトリング砲　*39, 67, 68*
魚雷艇　*96, 98, 133, 135, 136*
金陵機器局　*11, 13, 14, 39, 41, 82, 104, 105, 108, 112, 113, 118*
クルーソン　*107*
クルップ　*38, 50, 67, 68, 80, 84, 102, 107, 112, 115, 118, 128, 129, 131, 139, 141-146, 148*
軍事学堂　*81, 93, 94, 120*
軍事技術書　*14, 15, 20, 82*
軍事顧問　*67*
軍機処　*21, 22, 45, 58*
経遠　*136*
ケネディー　*13, 14*
江南製造局　*10, 11, 13, 14, 17, 20, 35, 37, 38, 40, 43, 49-51, 59, 63, 65, 75, 76, 82, 85, 89, 90, 91, 103, 105-109, 111-113, 115, 117, 118, 120, 131, 146, 153*
江南水師学堂　*94*
後装式施条砲　*37, 107, 108*
国産化　*16, 33, 47, 51, 53, 57, 60, 62, 63, 67, 75, 78, 80, 93, 96, 97, 102, 106-108, 111, 112, 114, 115, 119,*

187

120, 129, 132, 150, 155
航海章程　92, 93
航海通書　92, 93
航海簡法　92, 93
行船免撞章程　92, 93
行海要術　92, 93
広東黄埔水師学堂　94
黒色火薬　84, 85, 104, 112

［さ行］

左宗棠　15, 44-47, 54, 58, 73, 104, 108
三洋艦隊　50
清国政府　9, 11, 14, 21-24, 27, 28, 31-38, 40-47, 50-56, 58, 59, 64, 69, 70-72, 74, 75, 78, 80, 81, 88, 89, 91, 94-97, 102, 103, 112, 114-116, 118, 119, 121-126, 128, 130, 134-136, 141, 147, 154-156
シエリハ（Victor E. K. R. Von Scheliha）　60, 61
シーメンス　102
シベリア鉄道　126, 127, 137
清仏戦争　74, 76, 78, 91, 105, 108, 113, 117, 119, 124, 126, 128, 136, 140, 141, 153, 155, 156
湘軍　24, 26, 30-32, 34, 35, 41, 44, 67
衝角戦法　49, 78, 86-88, 137-139
徐寿　35, 82, 83, 89, 92
鐘天緯　82, 90
ジケル（Prosper Giquel）　47, 49, 71, 75-77, 114, 115, 130, 132
ジョン・フライヤー　17, 82
ジョン・エレン　17, 82
水師操練　83

ステイブレイ（William. Staveley）　27
スナイドル（Snider）　68, 105
スナイダー銃　113
僧格林沁　23
精遠　136
製火薬法　83, 84
西南戦争　73, 113
舒高第　84, 89, 90
前敵須知　92, 93
曽国藩　11, 14, 15, 26, 29-35, 37, 45, 49, 54, 95, 153
測絵海図全法　92, 93

［た行］

泰西採煤図説　49
太平天国　21, 23, 24, 28, 31-36, 43, 44, 47, 153, 154
第一次アヘン戦争　15, 21, 62, 116
第一次海防討論　15, 20, 44, 52, 53, 56, 70, 72, 73, 82, 88, 93, 102, 114-116, 119, 122, 124, 125, 130, 142, 154
第二次アヘン戦争　14, 21, 24, 27, 44, 46, 51, 53, 59, 62, 122, 153
ダニエル・ジェローム・マッゴウアン　82
致遠　28, 136
沈葆楨　47, 58, 64, 74, 76
超勇　73, 133
定遠　75, 98, 99, 101, 131, 133-135, 139-141, 148, 149
丁権棠　83, 84
天津水師学堂　94, 101
天津武備学堂　95

索引

天津条約　21, 23
天津教案　54, 59
転炉製鋼法　102
デンマーク　42
デギュベル（Paul d'Aiguebelle）　47

[な行]

南北戦争　59-63, 86, 87, 133, 138
南洋　38, 58, 74, 130, 140
日清戦争　15, 17, 88, 91, 105, 108, 119, 127, 129, 137, 139, 142, 146, 147, 149, 150, 153, 155, 156
ヌルハチ　24

[は行]

ハート（Robert Hart）　44, 67, 69, 130, 135, 138
八旗　22-30, 34, 39, 54, 129, 153, 154
標準化　14, 105, 11-120, 155
福建船政学堂　94
法国水師考　90, 91
佛郎機（フランキー）　25
フレデリック・ライト＝ブルース（Frederick Wright-Burce）　23, 28
呉淞口　145, 146
平炉製鋼法　102
卞長勝　95
北京条約　21, 33, 34, 44
北洋　9, 14-16, 20, 51-54, 57-59, 65-67, 69-71, 73-75, 80, 82, 84, 89, 91, 96, 98, 99, 101, 102, 106, 119, 121, 122, 124-129, 131-134, 136, 137, 139, 140-142, 145, 148, 150, 151

北洋艦隊　15, 16, 20, 51, 53, 69, 70, 71, 75, 80, 88, 91, 96, 98, 99, 101, 119, 131, 134, 136, 137, 139, 141, 142, 148, 153
米国水師考　90, 91
ホチキス　106, 129
翻訳館　49, 81, 82, 83, 89-92

[ま行]

マッカートニー（Halliday Macartney）　36, 39, 40
マリア・ルス（Maria Luz）　55
マルタン　102
マンスハウゼン（Karl Menshause）　128
ミニエ銃　113
無煙火薬　85, 106, 112, 113
メドゥズ（J. A. T. Meadows）　42
モーゼル（Mauser）　38, 105, 107, 129
モニター艦　59, 60, 62, 69, 70, 72, 123

[や行]

山県有朋　147
吉野　149
容閎　37, 95
揚威　73, 133
葉明琛　23

[ら行]

来遠　136, 139
李文忠公全書　12
李鴻章全集　12
緑営　24-226, 28-30, 39, 41, 42, 129, 153, 154

189

索　引

李鴻章　*11-16, 18-20, 26, 29, 32, 35-40, 43, 45, 49, 53-55, 58-62, 64-75, 77, 80, 82, 84, 88, 90, 94-96, 102, 104, 113, 115, 117-142, 150, 153, 155, 156*
李鳳苞　*74, 129, 133*
李善蘭　*82*
リッサ海戦　*86*
劉麒祥　*106*

旅順　*74, 129, 131, 136, 141, 146*
輪船布陣　*10, 83, 85, 86, 137*
レミントン（Remington）　*38, 105-107, 114*
露土戦争　*73*
ロバートソン（D. B. Robertson）　*29*

[わ行]

ワイリ　*82*

〔著者略歴〕

宝　鎖（BAO SUO）

1971年中国内モンゴル生まれ。
2014年東京大学大学院総合文化研究科で博士号取得。専攻は科学技術史，科学技術政策，技術哲学。
中国内モンゴル師範大学講師，倉敷芸術科学大学研究員を経て現在上海交通大学出版社編集者。

清末中国の技術政策思想
――西洋軍事技術の受容と変遷

二〇一九年十二月三十日　初版発行

著者　　宝　　　　鎖
発行者　片　岡　　敦
印刷
製本　　亜細亜印刷株式会社

発行所　株式会社　臨川書店
606-8204　京都市左京区田中下柳町八番地
電話〇七五-七二一-七一一一
郵便振替〇一〇七〇-二-八〇〇

落丁本・乱丁本はお取替えいたします
定価はカバーに表示してあります

ISBN 978-4-653-04437-6　C3022　Ⓒ宝鎖 2019

JCOPY 〈(社)出版者著作権管理機構 委託出版物〉

本書の無断複写は著作権法上での例外を除き禁じられています。複写される場合は，そのつど事前に，(社)出版者著作権管理機構（電話 03-5244-5088, FAX 03-5244-5089, e-mail: info@jcopy.or.jp）の許諾を得てください。

本書を代行業者等の第三者に依頼してスキャンやデジタル化することは著作権法違反です。